应用统计学系列教材 Texts in Applied Statistics

实验设计
Design of Experiments

刘文卿 编著

Liu Wenqing

清华大学出版社 Springer

北京

内 容 简 介

实验设计是一种通用的科学合理地安排实验和分析实验数据的方法。在日本,实验设计被称为工程师的共同语言。一个实验如果设计得好就会事半而功倍;反之,则会事倍而功半,甚至劳而无功。本书注重应用,通俗易懂。内容包括单因素实验优化设计、多因素实验设计、正交试验设计、均匀设计、提高产品稳健性等全部简单实用的实验设计方法,各章节间有一定的独立性,读者可以根据自己的情况有选择的学习。

本书可作为高等院校理工科、农学、医学各专业本科生或研究生的公共课教材,也可作为统计学专业课教材或工程技术人员的参考书。

图书在版编目(CIP)数据

实验设计/刘文卿编著.—北京:清华大学出版社,2005.2(2025.2 重印)
(应用统计学系列教材)
ISBN 978-7-302-10141-3

Ⅰ.实… Ⅱ.刘… Ⅲ.试验设计(数学)—高等学校—教材 Ⅳ.O212.6

中国版本图书馆 CIP 数据核字(2004)第 133448 号

责任编辑:王海燕
责任印制:宋 林

出版发行:清华大学出版社
      网 址:https://www.tup.com.cn,https://www.wqxuetang.com
      地 址:北京清华大学学研大厦 A 座 邮 编:100084
      社 总 机:010-83470000 邮 购:010-62786544
      投稿与读者服务:010-62776969,c-service@tup.tsinghua.edu.cn
      质量反馈:010-62772015,zhiliang@tup.tsinghua.edu.cn
印 装 者:北京建宏印刷有限公司
发 行 者:全国新华书店
开 本:170mm×230mm 印 张:15.25 字 数:254 千字
版 次:2005 年 2 月第 1 版 版 次:2025 年 2 月第 18 次印刷
定 价:43.00 元

产品编号:012492-06/O

应用统计学系列教材
Texts in Applied Statistics

序

　　随着社会经济的飞速发展,统计学课程设置的不断调整,统计学教材已经有了很大的变化。为了适应这些变化,我们从2000年开始编写面向21世纪统计学系列教材,经过近4年的实践,该系列教材取得了较好的效果,基本实现了预定的目标。然而目前学科的发展和社会的进步速度相当快,其中的一些教材已经需要进一步修订,也有部分内容成熟、适合教学需要的教材没有列入编写计划。

　　为满足应用统计科学和我国高等教育迅速发展的需求,清华大学出版社和施普林格出版社(Springer-Verlag)合作,倡议出版这一套"应用统计学系列教材",作为对现有统计学教材的全面补充和修订。这套教材具有以下特点:

　　1. 此套丛书属于开放式的,一旦有好的选题,即可列入出版计划。

　　2. 在教材选择上,拓宽了范围。有些教材主要面向经济类统计学专业,包括金融统计、风险管理与精算方面的教材。部分教材面向人文社科专业,而另外一些教材则面向自然科学领域,包括生物统计、医学统计、公共卫生统计等。

　　3. 本套教材的编写者都是活跃在教学、科研第一线的教师,他们能够积极地、广泛地吸收国内外最新的优秀成果。能够在教学中反复对教材进行补充修订和完善。

　　4. 强调与计算机应用的结合,在教材编写中,注重计算机软件的应用,特别是可编程软件的应用。对于那些仅限于应用方法的教材,充分考虑读者的需求,尽量介绍简单易学的"傻瓜"

软件。

5. 本套教材包括部分优秀国外教材译著,对于目前急需,而国内尚属空白的教材,选择部分国外具有广泛影响的教材,进行翻译出版。

我们希望这套系列教材的出版能够对我国应用统计科学的教育和我国统计事业的健康发展起到积极作用。感谢参与教材编写的中国人民大学统计学院和兄弟院校的教师以及进行审阅的同行专家。让我们大家共同努力,创造我国应用统计学科新的辉煌。

易丹辉

2005 年 1 月

前　言

　　理工农医各领域科技工作者的一项共同工作是做实验,实验设计就是讲述如何科学有效地安排实验并分析实验数据的学科。一个好的实验设计可以用少量的实验次数就获得最有效的实验信息。

　　二战后,日本工业高速发展的奥秘之一就是实验设计,"实验计画"在日本是工程师的共同语言。目前我国掌握实验设计技术的工程师人数不多,这是因为实验设计课程在我国大学内的开设还远未普及。每个未来的和现在的工程师都掌握实验设计技术是国际发展趋势。关于大学理工专业开设实验设计课程的必要性和紧迫性,引用参考文献[3]的作者在书中的一段话作为说明:"近几年,在美国对实验设计的兴趣又重新流行起来,因为很多工业界发现,他们的海外竞争者已经应用设计的实验很多年,并且这是他们竞争成功的一个重要因素。所有的工程师接受实验设计的正规训练作为他们大学教育的一部分的日子已为期不远了。实验设计在工程专业上的成功积累是美国工业基础未来竞争的关键因素。"

　　实验设计课程是统计学与工程技术相结合的学科,包括两部分内容,第一是对实验进行科学有效的设计,第二是对实验数据进行正确的统计分析,两者相比较前者更重要。首先科学有效的设计是进行正确统计分析的前提,面对一大堆无效的实验数据,最高明的统计学家也会束手无策。反之,用科学的实验设计方法得到的实验数据,往往只需要简单的统计分析方法就可以获得最有效的信息,90%以上实验设计问题的统计分析都可以使用常规的统计分析方法解决。退一步说,即使实验人员没有掌握全部的统计分析方法,但是只要实验设计是科学的,实验数据是有效的,还可以与他人合作共同分析实验数据。

随着计算机和应用软件的普及,对实验数据的统计分析工作已经不是难题,关键是选用正确的分析方法,对输出结果做正确的解释。本书的数据分析工作使用了 Excel 和 SAS 两种统计软件完成。Excel 是通用的办公软件,包含有数据分析功能,能够做 t 检验、方差分析及回归分析等基本的统计分析,是菜单式的界面,使用很方便,最大的优点是每台计算机上都有,大多数实验设计问题的数据分析都可以用 Excel 的数据分析功能解决。少数实验设计问题的数据分析则需要用更专业的统计分析软件,本书对这些问题使用 SAS 软件处理,读者也完全可以根据自己所掌握和拥有的软件,例如 SPSS,Minitab,Statistica,S-plus 等软件进行实验数据分析。

本书是作为理工农医各专业学生学习实验设计课程的教材编写的,授课时间约 54 课时(每课时 45 分钟),适合于采用多媒体教学方式授课,也可以作为统计专业和企业质量管理专业学生及工程技术人员学习和参考用书。学习本书要求读者具备初等统计知识,本科生学习这门课程应该安排在学习过概率统计课程或统计学课程之后,对于读者已经熟悉的初等统计内容在书中不做重复讲述。全书篇幅不长,但是包括了各种实用的实验设计方法,以及用软件处理实验数据和分析输出结果的方法。学过此书的实验工作者必会在今后的实验工作中长期受益。

本书的编写和出版得到了多方面的帮助。中国人民大学统计学院和清华大学出版社对本书的出版给予了支持,中国人民大学六西格玛研究中心对本书的写作给予了帮助,中国人民大学统计学院本科生李高帅、沈辰为本书的编写搜集了大量的资料,本书的编写过程参考了大量的文献。在此对以上的帮助和支持表示诚挚的感谢。

刘文卿

2004 年 7 月于中国人民大学

目 录

第1章

实验设计概述

————————

　　理工农医专业的学生经常要做实验,在很多的情况下,要想把实验做好仅靠专业知识是不够的,还需要能够事先把实验设计好,并且把实验数据分析好。实验设计课程就是解决这个问题的。本章概要介绍实验设计的一些基本内容。

1.1　实验设计的类型

　　从 20 世纪 20 年代,英国学者费希尔(R. A. Fisher)在农业生产中使用实验设计方法以来,实验设计已经得到广泛的发展与完善,统计学家与各领域的科学工作者共同发现了很多非常有效的实验设计技术,实验设计也在众多的领域发挥了不可替代的作用。

1.1.1　什么是实验设计

　　在进行具体的实验之前,要对实验的有关影响因素和环节做出全面的研究和安排,从而制定出行之有效的实验方案。

　　▶定义 1.1　实验设计(design of experiments,DOE)也称为试验设计,
　　　　　　　就是对实验进行科学合理的安排,以达到最好的实验效果。
　　实验设计是实验过程的依据,是实验数据处理的前提,也是提高科研成果质量的一个重要保证。

　　一个科学而完善的实验设计,能够合理地安排各种实验因素,严格地控制实验误差,并且能够有效地分析实验数据,从而用较少的人力、物力和时间,最大限度地获得丰富而可靠的资料。反之,如果实验设计存在缺点,就必

然造成不应有的浪费,减损研究结果的价值。

费希尔在农业实验中运用均衡排列的拉丁方,解决了长期未解决的实验条件不均衡问题,提出了方差分析方法,创立了实验设计。随后,实验设计方法大量应用于农业和生物科学,从 20 世纪 30 年代起,英国的纺织业中也开始使用实验设计。第二次世界大战中,美国的军工企业开始使用实验设计方法。二战以后,美国和西欧的化工、电子、机械制造等众多行业都纷纷使用实验设计,实验设计已经成为理工农医各个领域各类实验的通用技术。

根据实验设计内容的不同,可以分为专业设计与统计设计。实验的统计设计使得实验数据具有良好的统计性质(例如随机性、正交性、均匀性等),由此可以对实验数据作所需要的统计分析。实验的设计和实验结果的统计分析是密切相关的,只有按照科学的统计设计方法得到的实验数据才能进行科学的统计分析,得到客观有效的分析结论。反之,一大堆不符合统计学原理的数据可能是毫无作用的,统计学家也会对它束手无策。因此对实验工作者而言,关键是用科学的方法设计好实验,获得符合统计学原理的科学有效的数据。至于对实验结果的统计分析,很多方法都可以借助统计软件由实验人员自己完成,必要时还可以请统计专业人员帮助完成。本书重点讲述实验的统计设计。

1.1.2　实验设计的类型

实验的目的和方式千差万别,根据不同的实验目的,实验设计可以划分为以下五种类型。

1　演示实验

实验目的是演示一种科学现象,中小学的各种物理、化学、生物实验课所做的实验都是这种类型的实验。只要按照正确的实验条件和实验程序操作,实验的结果就必然是事先预定的结果。对演示实验的设计主要是专业设计,其目的是为了使实验的操作更简便易行,实验的结果更直观清晰。

2　验证实验

实验目的是验证一种科学推断的正确性,可以作为其他实验方法的补充实验。本书中讲述的很多实验设计方法都是对实验数据鬃统计分析,通过统计方法推断出最优实验条件,然后对这些推断出来的最优实验条件作补充的验证实验给予验证。

验证实验也可以是对已提出的科学现象的重复验证,检验已有实验结果的正确性。例如 1996 年 7 月 5 日,由英国罗斯林研究所的伊恩·威尔穆特教授等人通过体细胞克隆法培育的第一只克隆羊"多利"问世之后,世界各地的生物学家纷纷做验证实验,最初有许多验证实验是失败的,不少人对其正确性产生怀疑,但是随着时间的推移,越来越多的验证实验宣告成功,并且实验出克隆牛、克隆猪等一系列克隆产品。这种验证实验着重于实验条件,而不是统计技术。

3　比较实验

比较实验(comparative experiments)的实验目的是检验一种或几种处理的效果,例如对生产工艺改进效果的检验,对一种新药物疗效的检验,其实验的设计需要结合专业设计和统计设计两方面的知识,对实验结果的数据分析属于统计学中的假设检验问题。本书第 2 章讲述有关比较实验的统计方法。

4　优化实验

优化实验(optimizition experiments)的实验目的是高效率地找出实验问题的最优实验条件,这种优化实验是一项尝试性的工作,有可能获得成功,也有可能不成功,所以常把优化实验称为试验(test),以优化为目的的实验设计则称为试验设计。例如目前流行的正交设计和均匀设计的全称分别是正交试验设计和均匀试验设计。不过在英文中实验设计和试验设计是同一个名称"design of experiments",都简称为 DOE。

优化实验是一个十分广阔的领域,几乎无所不在。在科研、开发和生产中,可以达到提高质量、增加产量、降低成本以及保护环境的目的。随着科学技术的迅猛发展,市场竞争的日益激烈,优化实验将会愈发显示其巨大的威力。

优化实验的内容十分丰富,是本书主要讲述的内容,可以划分为以下的几种类型。

(1) 按实验因素的数目不同可以划分为单因素优化实验和多因素优化实验。本书第 3 章详细讲述单因素优化实验设计,从第 4 章以后属于多因素优化实验设计的内容。

(2) 按实验的目的不同可以划分为指标水平优化和稳健性优化。指标水平优化的目的是优化实验指标的平均水平,例如增加化工产品的回收率,延长产品的使用寿命,降低产品的能耗。稳健性优化是减小产品指标的波动(标准差),使产品的性能更稳定,用廉价的低等级的元件组装出性能稳定高质量的产品。

（3）按实验的形式不同可以划分为实物实验和计算实验（computer experiments）。实物实验包括现场实验和实验室实验两种情况，是主要的实验方式。计算实验是根据数学模型计算出实验指标，在物理学中有大量的应用。

现代的计算机运行速度很高，人们往往认为对已知数学模型的情况不必再作实验设计，只需要对所有可能情况全面计算，找出最优的条件就可以了。实际上这种观点是一个误解，在因素和水平数目较多时，即使高速运行的大型计算机也无力承担所需的运行时间。例如，为了研究 Si(100)2×1 半导体表面原子结构，美国的 Bell 实验室和 IBM 实验室等几家最大的研究机构都投入了巨大的人力和物力进行了多年的研究工作，但是始终没有获得有效的进展。Si(100)2×1 的一个原胞中有 5 层共 10 个原子，每个原子的位置用三维坐标来描述，每个坐标取 3 个水平，全面计算需要 3^{30} 次，而每次计算都包含众多复杂的步骤和公式，需要几个小时才能完成，因此对这个问题的全面计算是不可能实现的。后来我国学者建议采用正交实验设计方法，并与美国学者合作，经过两轮 $L_{27}(3^{13})$ 与几轮 $L_9(3^4)$ 正交实验，仅做了几十次实验就找到了 Si(100)2×1 表面原子结构模型的最优结果。原子位置准确到原子距的 2%，达到了当今这一课题所能达到的最高精度，得到了世界的公认。

（4）按实验的过程不同可以分为序贯实验设计和整体实验设计。序贯实验是从一个起点出发，根据前面实验的结果决定后面实验的位置，使实验的指标不断优化，形象地称为"爬山法"。0.618 法、分数法、因素轮换法都属于爬山法。整体实验是在实验前就把所要做的实验的位置确定好，要求设计的这些实验点能够均匀地分布在全部可能的实验点之中，然后根据实验结果寻找最优的实验条件。正交设计和均匀设计都属于整体实验设计。

5　探索实验

对未知事物的探索性科学研究实验称为探索实验，具体来说包括探索研究对象的未知性质，了解它具有怎样的组成，有哪些属性和特征以及与其他对象或现象的联系等的实验。目前，高校和中小学都会安排一些探索性实验课，培养学生像科学家一样思考问题和解决问题，包括实验的选题、确定实验条件、实验的设计、实验数据的记录以及实验结果的分析等。

探索实验在工程技术中属于开发设计，其设计工作既要依靠专业技术知识，也需要结合使用比较实验和优化实验的方法。前面提到的研究 Si(100)2×1 半导体表面原子结构的问题就属于探索性实验，在这些实验中使用优化设计技术可以大幅度地减少实验次数。

1.2　实验设计的要素与原则

一个完善的实验设计方案应该考虑到如下问题：人力、物力和时间满足要求；重要的观测因素和实验指标没有遗漏并做了合理安排；重要的非实验因素都得到了有效的控制；实验中可能出现的各种意外情况都已考虑在内并有相应的对策；对实验的操作方法、实验数据的收集、整理、分析方式都已经确定了科学合理的方法。从设计的统计要求看，一个完善的实验设计方案应该符合三要素与四原则。在讲述实验设计的要素与原则之前，首先介绍实验设计的几个基本概念。

1.2.1　实验设计的基本概念

▶定义 1.2　实验因素(factor)简称为因素或因子，是实验的设计者希望考察的实验条件。因素的具体取值称为水平(level)。

▶定义 1.3　按照因素的给定水平对实验对象所做的操作称为处理(treatment)。接受处理的实验对象称为实验单元。

▶定义 1.4　衡量实验结果好坏程度的指标称为实验指标，也称为响应变量(response variable)。

实验设计方法是由费希尔在农产量实验中最初提出的，这里以农作物产量实验为例说明以上的几个概念。

在大豆的产量实验中，考察氮肥施加量对大豆产量(kg/亩)的影响，每亩地的施肥量分别为 0,1,2,3 kg。这个实验中氮肥施加量是实验因素，它取 0, 1,2,3 kg 共 4 个水平。按每一种施肥量的水平所做的施肥操作就称为一种处理，共有 4 种处理，其中施肥量为 0 kg 的处理称为空白处理。播种大豆的地块就是实验单元，大豆的亩产量就是实验指标。

实验因素的数目可以是一个、两个或多个，分别称为单因素实验、双因素实验和多因素实验。上面的例子属于单因素实验。如果同时考察氮肥和磷肥施加量对大豆产量的影响，就属于双因素实验。假如磷肥施加量也取 0,1, 2,3 kg 这 4 个水平，氮肥和磷肥施加量不同水平的搭配方式共有 16 种，称为 16 个处理。进一步考察大豆的品种对产量的影响，现在共有甲、乙、丙 3 种不同品种的大豆。这时实验中共有氮肥施加量、磷肥施加量、大豆品种这 3 个因素，属于多因素实验，其中大豆的品种有甲、乙、丙共 3 个水平。3 个因素不同水平的全部搭配方式共有 48 种，称为 48 个处理。

1.2.2 实验设计的三要素

从专业设计的角度看，实验设计的三个要素就是实验因素、实验单元和实验效应，其中实验效应用实验指标反映。在前面已经介绍了这几个概念，下面再对有关问题作进一步的介绍。

1   实验因素

实验设计的一项重要工作就是确定可能影响实验指标的实验因素，并根据专业知识初步确定因素水平的范围。若在整个实验过程中影响实验指标的因素很多，就必须结合专业知识，对众多的因素作全面分析，区分哪些是重要的实验因素，哪些是非重要的实验因素，以便选用合适的实验设计方法妥善安排这些因素。因素水平选取得过于密集，实验次数就会增多，许多相邻的水平对结果的影响十分接近，将会浪费人力、物力和时间，降低实验的效率；反之，因素水平选取得过于稀少，因素的不同水平对实验指标的影响规律就不能真实地反映出来，就不能得到有用的结论。在缺乏经验的前提下，可以先做筛选实验，选取较为合适的因素和水平数目。

实验的因素应该尽量选择为数量因素，少用或不用品质因素。数量因素就是对其水平值能够用数值大小精确衡量的因素，例如温度、容积等；品质因素水平的取值是定性的，如药物的种类、设备的型号等。数量因素有利于对实验结果作深入的统计分析，例如回归分析等。

在确定实验因素和因素水平时要注意实验的安全性，某些因素水平组合的处理可能会损坏实验设备（例如高温、高压）、产生有害物质、甚至发生爆炸。这需要参加实验设计的专业人员能够事先预见，排除这种危险性处理，或者作好预防工作。

2   实验单元

接受实验处理的对象或产品就是实验单元。在工程实验中，实验对象是材料和产品，只需要根据专业知识和统计学原理选用实验对象。在医学和生物实验中，实验单元也称为受试对象，选择受试对象不仅要依照统计学原理，还要考虑到生理和伦理等问题。仅从统计学的角度看需要考虑以下问题。

（1）在选择动物为受试对象时，要考虑动物的种属品系、窝别、性别、年龄、体重、健康状况等差异。

（2）在以人作为受试对象时，除了考虑人的种族、性别、年龄、体重、健康状况等一般条件外，还要考虑一些社会背景，包括职业、爱好、生活习惯、居住条件、经济状况、家庭条件和心理状况等。

这些差异都会对实验结果产生影响，这些影响是不能完全被消除的，可以通过采用随机化设计和区组设计而降低其影响程度。

3　实验效应

实验效应是反映实验处理效果的标志，它通过具体的实验指标来体现。与对实验因素的要求一样，要尽量选用数量的实验指标，不用定性的实验指标，这个问题将在 4.1 节中详细说明。另外要尽可能选用客观性强的指标，少用主观指标（如给某些定性实验结果人为打分或赋值）。有一些指标的来源虽然是客观的（如读取病理切片、X 线片、化验上絮状反应的观察等），但是在判断上也受主观影响，称为半客观指标。对这类半客观指标一定要事先规定读取数值的严格标准，必要时还应进行统一的技术培训。

1.2.3　实验设计的四原则

费希尔在实验设计的研究中提出了实验设计的三个原则，即随机化原则、重复原则和局部控制原则。半个多世纪以来，实验设计得到迅速的发展和完善，这三个原则仍然是指导实验设计的基本原则。同时，人们通过理论研究和实践经验对这三个原则也给予进一步的发展和完善，把局部控制原则分解为对照原则和区组原则，提出了实验设计的四个基本原则，分别是随机化原则（randomization）、重复原则（replication）、对照原则（contrast）和区组原则（block）。目前，这四大实验设计原则已经是被人们普遍接受的保证实验结果正确性的必要条件。同时，随着科学技术的发展，这四大原则的内容也在不断发展完善之中。

1　随机化原则

▶**定义 1.5**　随机化是指每个处理以概率均等的原则，随机地选择实验单元。

例如有 A，B 两种处理方式，将 30 只动物分为两组，A 组 10 只，B 组 20只。在实际分组时可以采用抽签的方式，把 30 只动物按任意的顺序编为 1～30 号，用外形相同的纸条写出 1～30 个号码，从中随机抽取 10 个号码，对应的 10 个动物分配给 A 组,剩余的 20 个动物分配给 B 组。

如果违背随机的原则,不论是有意或无意的,都会影响实验结果的正确性,给实验结果带来偏差。例如在营养学研究中,以实验动物体重增加情况作为饲料营养价值高低的标志。但体重的增加还同动物健康状况、食量大小等因素有密切关系。如果在实验研究之前,实验者希望某种处理获得较理想的结果,于是将那些雄性的、健康状况最佳的、食量最大的动物都分到该组,这就是有意夸大了组间差别,必然造成虚假的实验结果。随机化实验就是避免此类偏差的有效手段。

实验设计随机化原则的另外一个作用是有利于应用各种统计分析方法,因为统计学中的很多方法都是建立在独立样本的基础上的,用随机化原则设计和实施的实验就可以保证实验数据的独立性。本书后面的内容总是假定实验是按照随机化原则设计和实施的,实验的数据满足统计学的独立性要求。那些事先加入主观因素,以致不同程度失真的资料,统计方法是不能弥补其先天不足的,往往是事倍而功半。

2　重复原则

由于实验的个体差异、操作差异以及其他影响因素的存在,同一处理对不同的实验单元所产生的效果也是有差异的。通过一定数量的重复实验,该处理的真实效应就会比较确定地显现出来,可以从统计学上对处理的效应给以肯定或予以否定。

从统计学的观点看,重复例数越多(样本量越大)实验结果的可信度就越高,但是这就需要花费更多的人力和物力。实验设计的核心内容就是用最少的样本例数保证实验结果具有一定的可信度,以节约人力、经费和时间。

在实验设计中,"重复"一词有以下两种不同的含义。

(1) 独立重复实验。在相同的处理条件下对不同的实验单元做多次实验,这是人们通常意义下所指的重复实验,其目的是为了降低由样品差异而产生的实验误差,并正确估计这个实验误差。

(2) 重复测量。在相同的处理条件下对同一个样品做多次重复实验,以排除操作方法产生的误差。遗憾的是,这种重复在很多场合是不可实现的。如果实验的样品是流体(包括气体、液体、粉末),可以把一份样品分成 k 份,对每份样品分别做实验,以排除操作方法产生的误差。在医学实验中,常对受试者按时间顺序作多次观察,例如在减肥效果的实验中,对受试者每隔一周测量一次体重,连续测量 5 周作为一个实验周期。这样得到的 5 次测量数据不是在同一个实验条件下的 5 次独立实验数值,而是 5 个相互关联的数值,也属于重复测量实验。对这种重复测量实验的统计分析见参考文献[4]。

3　对照原则

俗话说有比较才有鉴别,对照是比较的基础,对照原则是主要用于比较实验的一个原则。除了因素的不同处理外,实验组与对照组中的其他条件应尽量相同。只有高度的可比性,才能对实验观察的项目做出科学结论。对照的种类有很多,可根据研究目的和内容加以选择。常用的有以下几种:

(1)空白对照。对照组不施加任何处理因素。这种方法简单易行,但容易引起实验组与对照组在心理上的差异,从而影响实验效应的测定。临床疗效观察一般不宜采用此种对照。

(2)安慰剂对照。对照组要采用一种无药理作用的安慰剂,这是因为精神心理因素也会对机体与疾病产生重要影响。据估计临床疗效约 30% 来自病人对医护人员与医疗措施的心理效应。但务必注意在临床科研中遵循病人利益第一的原则,一般认为只有无特效治疗的慢性病方可使用安慰剂。安慰对照实验要采用双盲实验,受试者(病人)事先不知道自己服用的是安慰剂还是药物(第一盲);实验者(医生)事先也不知道每个受试者服用的是安慰剂还是药物(第二盲)。例如在研究降压药效果的实验中,负责测量血压的医务人员并不知道谁服用的是安慰剂,谁服用的是降压药。

(3)实验条件对照。对照组不施加处理因素,但施加与处理因素相同的实验条件。例如考察某种注射药剂对实验动物的作用,对照组的动物要注射相同剂量的生理盐水。考察某种烟熏药物的灭虫作用,对照组要做不含药物的烟熏处理。凡对实验效应产生影响的实验条件,都应该采用这种方法。安慰剂对照可以看作实验条件对照的一个特例,是针对人体疾病治疗的实验条件对照。

(4)标准对照。用现有的标准方法或常规方法作对照,这是工程技术实验的常用方法。

(5)历史或中外对照。用实验结果与历史上或国外同类实验结果相比较,这也是工程技术实验的常用方法。但是在医学实验中,由于医疗环境总是在不断的改善中,这使得历史对照组总是处于不利的地位,而新方法往往"显著有效",这是许多人喜欢历史对照的原因。另外中外对照的医疗环境也往往有较大差异,所以使用的效果也往往不准确。

对照组在实验中是一种处理,在统计分析中作为实验因素的一个水平。

例如氮肥施肥量的 4 个水平 0,1,2,3 kg 中,施肥量 0 就是空白对照组。

4 区组原则

▶定义 1.6 人为划分的时间、空间、设备等实验条件称为区组(block)。

区组因素也是影响实验指标的因素,但并不是实验者所要考察的因素,也称为非处理因素。任何实验都是在一定的时间、空间范围内并使用一定的设备进行的,把这些实验条件都保持一致是最理想的,但是这在很多场合是办不到的。解决的办法是把这些区组因素也纳入实验中,在对实验做设计和数据分析中也都作为实验因素。

例如上一节的大豆施肥实验中,实验者所要考察的是氮肥施加量对大豆单产的影响,但是地块土壤的状况对单产也有影响,有的地块土壤松软,有的地块土壤坚硬。这里地块土壤的状况就是在实验中所要考察的区组。

1.2.4 实验设计四个原则之间的关系

实验设计的四个原则之间有密切的关系,区组原则是核心,贯穿于随机化、重复和对照原则之中,相辅相成、互相补充。有时仅把随机化、重复和对照称为实验设计的三个原则,这并不是意味着区组不是重要的原则,而是说区组是贯穿于这三个原则之中的一个原则。

1 区组原则与随机化原则的关系

按照实验中是否考察区组因素,随机化设计分为以下两种方式。

(1) 完全随机化设计。每个处理随机地选取实验单元,这种方式适用于实验的例数较大或实验单元差异很小的情况。例如大豆施肥量的实验中,把实验地块分为 100 块,对氮肥的 0,1,2,3 kg 这 4 种处理,每种处理随机地选出 25 个地块作为实验单元。在具体实施随机化分组时,仍然可以采用抽签的方法,把 100 个地块按任意顺序从 1~100 编号,用外形相同的纸条写好 1~100 个号码。首先随机地抽出 25 个号码,这 25 个号码对应的地块分配给第 1 个处理。然后再从剩余的 75 个号码中随机抽出 25 个号码,对应的地块分配给第 2 个处理。再从剩余的 50 个号码中随机抽出 25 个号码,对应的地块分配给第 3 个处理。最后剩余的 25 个地块分配给第 4 个处理。有些实验的实验单元之间本身差异很小或不能事先判断其差异。例如考察某种铸件的抗冲击力实验,用几个不同的冲击力水平对铸件做实验,铸件的抗冲击力不能事先判断,只能采用完全随机化方法分配实验单元。

（2）随机化区组设计。在大豆施加氮肥的 4 个水平的实验中,如果实验地块仅分为 16 块,这时采用完全随机化设计,不同处理所分配到的地块土壤的性状就会好坏不均,导致实验的结果不真。这时就要采用随机化区组设计,使好地块和差地块在几个处理中均衡分配。在这个实验中地块的好坏是区组因素,按照随机化区组设计的要求,在选取的 16 个实验地块中要分别包含 8 个好地块和 8 个差地块,4 个施肥量的处理分别随机选取 2 个好地块和 2 个差地块。这种方式就是随机化区组设计,其目的就是把性状不同的实验单元均衡地分配给每个处理,有关随机化区组设计方法会结合本书后面的内容继续介绍。

实验的各处理和各区组内的实验次数都相同时称为平衡(balanced design)设计。平衡设计也是实验设计的一个基本思想,这样作有利于实验数据的统计分析。

2 区组原则与重复原则的关系

重复是指在相同条件下对每个处理所做的两次或两次以上的实验,其目的是消除并估计实验的误差。实验的重复次数和区组因素有关,例如前面的大豆施肥量的实验中,实验地块分为 16 块,如果不考虑地块好坏的区组因素,这时 4 种施肥量的处理中每个处理都分配到 4 个实验地块,重复次数为 4 次;如果考虑地块好坏的区组因素,按随机化区组设计方法每个处理都分配到 2 个好地块和 2 个差地块,是重复次数为 2 次的重复实验;如果地块好坏这个区组因素按照好、一般、差和很差分为 4 个水平,这时按照随机化区组设计每个处理中分配到的好、一般、差和很差的地块都是各有 1 个,就是无重复的实验了。

3 区组原则与对照原则的关系

区组原则与对照原则之间既有相同点也有差异。

（1）区组原则与对照原则的相同点。同属于费希尔提出的局部控制原则,都是将实验单元按照某种分类标准进行分组,使同一组内的实验单元尽量接受同样的处理,以减少组内实验条件的差异。

（2）区组原则与对照原则的差异。从适用的范围看,对照原则仅针对比较实验,而区组原则既适用于比较实验也适用于优化实验;从实验中的作用看,比较实验的目的就是检验处理组和对照组之间是否有显著差异,如前面所述,对照组可以看作处理因素的一个水平,例如,氮肥施肥量的 0 水平就是空白对照组。在统计分析中,对照组的比较实验属于单因素实验。而区组因素看作是影响实验指标的其他因素,与实验因素共同构成多因素实验。例如氮肥施肥量问题中,氮肥的施肥量是处理因素,作为区组因素的土壤状况是影响大豆单产的另外一个因素。因此在统计分析中,区组设计属于两因素或多因素实验。另外,在考虑区组因素的比较实验中,处理组和对照组要按照相同的区组因素分配实验单元,这样实验结果才有可比性。

思考与练习

思考题

1.1　什么是实验设计?说明统计学在实验设计中的作用。

1.2　介绍实验设计的几种类型。

1.3　什么是优化实验?介绍优化实验的种类。

1.4　举例说明实验设计的三个要素。

1.5　说明实验设计的四个原则。

1.6　说明对照原则在比较实验中的应用。

1.7　为什么说区组原则是实验设计的核心原则。

1.8　什么是平衡设计,平衡设计与区组设计有什么关系?

第2章

比较实验与方差分析

比较实验的实验目的是水平对比,两个处理之间的水平对比用 t 检验,多个处理之间的水平对比要用方差分析。t 检验与方差分析的方法是初等统计的内容,本书不再详细重复讲述这些方法的原理和公式,仅结合实例介绍用 Excel 软件做数据分析的方法,解释对输出结果的分析,并结合实验设计对有关的问题做进一步介绍。

2.1 两个处理的水平对比

两个处理间的水平对比属于统计学中两个总体均值是否有显著差异的 t 检验问题,这类检验问题有很多不同的使用条件,在不同的条件下所得到的检验结果是有差异的。在分析实验数据时,要正确判断实验的条件。

2.1.1 检验的有关问题

1 检验的条件

首先通过一个例子来说明影响两个总体均值 t 检验的使用条件。

例 2.1 研究一种新安眠药的疗效,采用双盲实验,将 14 名失眠症患者随机分为安慰组(服用安慰片)和服药组,安慰组 6 人,服药组 8 人。统计出 48 h 内每人的睡眠时间见表 2.1,要检验这种新安眠药是否有效。

本例看似简单,但是要想得到正确可靠的统计分析结果还需要正确解决以下两个方面的问题。

(1)等方差与异方差问题。两个处理下睡眠时间的方差都是未知的,可以分为等方差与异方差两种情况,这两个不同的前提条件可能会导致统计分

表 2.1   48 h 内睡眠时间   单位：h

	A	B	C	D	E	F	G	H	I
1	安慰组	8.2	5.3	6.5	5.1	9.7	8.8		
2	服药组	9.5	8.9	9.2	10.1	9.3	8.3	8.8	7.7

析不同的结论。

（2）单侧检验还是双侧检验。如果根据专业知识可以认为这种新的安眠药至多是无效，而不会对睡眠产生不利影响，就可以做单侧检验，否则就要做双侧检验。单侧检验也称为单尾检验（one tail），双侧检验也称为双尾检验（two tails）。

2 安装 Excel 软件的数据分析功能

各种专业统计软件都有两总体 t 检验功能，实际上，我们最常用的 Excel 办公软件就具有一些常用的统计分析功能，本书中的很多统计方法都可以用 Excel 软件解决，学会使用这些功能对数据分析工作是非常有益的。

首先检查你所使用的 Excel 软件是否已经安装了统计分析功能，方法是单击"工具"主菜单，看看下拉菜单中是否有"数据分析"命令，它不是安装 Excel 软件时的默认功能。如果没有看到"数据分析"功能（或者"数据分析"呈灰色），就用"加载宏"命令加载这个功能。"加载宏"命令也是在"工具"主菜单的下拉菜单之中。单击"加载宏"命令，在出现的对话框中选中"分析工具库"，见图 2.1。

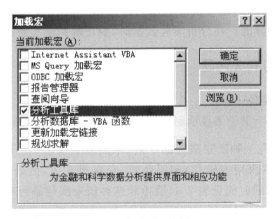

图 2.1   加载宏对话框

再单击"确定"按钮确认。这时计算机可能会要求你插入含有 Excel 安装程序的"Office"安装盘,如果你所使用的计算机在最初安装 Excel 软件时是做的全面安装,就不需要用这个安装盘。安装完成后就会在"工具"主菜单的下拉菜单中看到"数据分析"功能。

2.1.2　用 Excel 软件做统计分析

现在可以用 Excel 软件做统计分析了,首先直接观察在不同假设条件下的检验结果。选择"数据分析"进入"数据分析"菜单,看到有三个 t 检验,分别是:

"t-检验:平均值的成对双样本分析"

"t-检验:双样本等方差假设"

"t-检验:双样本异方差假设"

这正是统计学中两个总体均值比较的三种方法。另外还可以看到方差分析、描述统计、回归等多种常见的统计分析功能。

1　双样本等方差假设

首先选择"t-检验:双样本等方差假设",按下图输入有关选项,如果选择的数据区域中包含变量名称,就要选中"标志"。其中 $\alpha = 0.05$ 是默认的,不用改变。然后单击"确定"按钮运行,见图 2.2,得表 2.2 的输出结果。

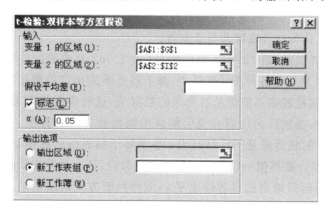

图 2.2　双样本等方差假设检验菜单

从表 2.2 中看到,安慰组 48 h 内平均睡眠 7.267 h,服药组平均睡眠 8.975 h,服药组平均多睡眠 8.975－7.267＝1.708 h。再进一步看这个差异是否显著,表中"B10"单元格的数值－2.330 是 t 统计量的数值。

(1)单侧检验。表 2.2 中第 11 和第 12 行是与单侧检验有关的结果,分别

表 2.2　Excel 输出的检验结果

	A	B	C
1	t-检验：双样本等方差假设		
2			
3		安慰组	服药组
4	平均	7.266 666 667	8.975
5	方差	3.658 666 667	0.545
6	观测值	6	8
7	合并方差	1.842 361 111	
8	假设平均差	0	
9	df	12	
10	t Stat	-2.330 460 986	
11	P(T<=t) 单尾	0.019 019 294	
12	t 单尾临界	1.782 286 745	
13	P(T<=t) 双尾	0.038 038 588	
14	t 双尾临界	2.178 812 792	

表示用 P 值法和用临界值法做检验的结果，两种方法的检验结论是相同的，数学关系是等价的。

先看 P 值法，第 11 行的"P(T<=t) 单尾"=0.019 0 是检验的显著性概率值，简称 P 值。表示判定该安眠药显著有效所犯错误的概率，这个错误是指该安眠药无效而判定它有效的错误（当该安眠药有效而判定它有效时是正确判断），即弃真错误，也称为第 I 类错误。在显著性检验中，对给定的显著性水平 α，当 P 值 $\leqslant \alpha$ 时就拒绝原假设。本例 P 值=0.019 $<\alpha=0.05$，因此拒绝原假设，认为这种安眠药显著有效。

再看临界值法，第 12 行"t 单尾临界"=1.782 是检验的临界值，但是在 Excel 软件以及其他各种统计软件中，都不需要事先指定单侧检验的方向，因此给出的单侧检验临界值都是右侧正的临界值，这时需要使用者自己判定检验的方向。本书随后的内容会说明解决单侧检验方向的方法。在这个单侧检验中，实际的临界值是−1.782，当 t 小于等于临界值时就拒绝原假设。本例 $|t|=2.075>$ 临界值=1.782，因此拒绝原假设，认为这种安眠药显著有效。

可以看到，对给定的显著性水平 α，两种判断方式的结论是一致的，而用 P 值法更方便，与临界值法相比有几个优点。第一是 P 值的数值与显著性水平 α 无关，更改显著性水平时不需要重新计算，而临界值则与显著性水平 α 有关，更改显著性水平时就要重新计算或查表；第二是 P 值表示概率，概率具有可比性，对不同的统计量和不同的自由度，都可以用 P 值反映检验的效果。第三，P 值就是犯弃真错误的概率，由 P 值可以更准确地看出检验的效果。P 值法的缺点是不适合于手工计算，但是在所有的统计软件中，对检验问题都

会计算出相应的 P 值,因此这个缺点已经不成其为缺点,在本书后面的各种检验问题中,都只使用 P 值法,不再使用临界值法。

(2) 双侧检验。从表 2.2 中看到,P 值 $=0.038<0.05$,因此在显著性水平 $\alpha=0.05$ 时,做双侧检验也拒绝原假设,认为这种安眠药显著有效。

这里单侧检验和双侧检验的结论是一致的,但是这个一致性并不具有普遍意义,下面马上就会看到不一致的情况。

2　双样本异方差假设

选择"t-检验：双样本异方差假设",得表 2.3 的输出结果。

表 2.3　Excel 输出的检验结果

	A	B	C
1	t-检验：双样本异方差假设		
2			
3		安慰组	服药组
4	平均	7.266 666 667	8.975
5	方差	3.658 666 667	0.545
6	观测值	6	8
7	假设平均差	0	
8	df	6	
9	t Stat	-2.074 860 526	
10	P(T<=t) 单尾	0.041 662 582	
11	t 单尾临界	1.943 180 905	
12	P(T<=t) 双尾	0.083 325 165	
13	t 双尾临界	2.446 913 641	

(1) 单侧检验。P 值 $=0.0417<0.05$,因此在显著性水平 $\alpha=0.05$ 时,做单侧检验也拒绝原假设,认为这种安眠药显著有效。

(2) 双侧检验。P 值 $=0.0833>0.05$,因此在显著性水平 $\alpha=0.05$ 时,做双侧检验要接受原假设,不能认为这种安眠药显著有效。

可见等方差和异方差假设对检验结果会产生影响,单侧和双侧检验也会对检验结果产生影响。正确选择检验条件是重要的。

2.1.3　正确选择检验条件

正确选择检验条件首先是根据专业知识,其次是借助统计检验。

1　选择单侧或双侧检验的方法

仔细观察以上两个检验的 P 值可以发现,不管是等方差还是异方差,双侧检验的 P 值都是单侧检验的 P 值的 2 倍。而 P 值越小检验就越显著,因此单侧检验的效率比双侧检验要高。其道理也是显而易见的,单侧检验是根据专业知识认为这种新的安眠药至多无效,而不会对睡眠产生不利影响,这是一个有用的信息。因此单侧检验是结合了专业信息和样本的信息而做出的判断,检验的效率比双侧检验要高。本例异方差的检验中,单侧检验的 P 值＝0.041 7＜0.05,可以认为这种安眠药显著有效。而双侧检验的 P 值＝0.083 3＞0.05,不能认为这种安眠药显著有效。因此,如果根据专业知识认为单侧检验是合理的,就要采用单侧检验。

　　采用单侧检验时还会分为左侧检验和右侧检验,这是一个使人头疼的问题,常常设错了检验的方向,得到错误的检验结论。实际上,在实际应用中不必先写出检验的形式,而是可以像本例一样直接用软件计算出统计结果,分析这个结果说明什么问题,你根据这个结果可以做出什么判断。具体分为以下几种情况。

　　(1) 本例中服药组的平均值 8.975 大于安慰组的平均值 7.267,你所需要解决的问题是判断这个差异程度是否达到统计学的显著程度。首先根据专业知识认为该安眠药不会对睡眠产生不利的影响,决定采用单侧检验。从表 2.3 异方差检验的统计结果看到,单侧检验的 P 值＝0.041 7＜0.05,就可以(以显著性水平 $\alpha=0.05$)判定该安眠药对睡眠是显著有效的。这已经回答了我们关心的问题,同时回避了左侧检验和右侧检验的问题。

　　(2) 假如计算出服药组的平均值大于安慰组的平均值,而单侧检验的 P 值＞0.05,这表明根据目前的实验数据还不能说明该安眠药对睡眠是显著有效的。

　　(3) 假如计算出服药组的平均值小于安慰组的平均值,这时即使不懂统计的人也知道这种安眠药无效,甚至怀疑这种“安眠药”对睡眠有不利影响,实际上是一种兴奋剂。如果你确实关心这种安眠药是否真是一种兴奋剂,只需要再看看 P 值,假如双侧检验的 P 值≤0.05,你就可以(以显著性水平 $\alpha=0.05$)判定该“安眠药”确实是一种兴奋剂。假如双侧检验的 P 值＞0.05,就不能认为该“安眠药”是兴奋剂。这时为什么不用单侧检验的 P 值而改用双侧检验的 P 值? 因为这时的单侧检验是以专业知识的前提条件该“安眠药”不会延长睡眠时间计算出来的,而现在这个前提条件与统计结果不符,所以这时你需要用双侧检验,双侧检验是不需要专业知识前提的。

　　再次强调的是,双侧检验的 P 值就是单侧检验 P 值的 2 倍。在用统计软件作假设检验时,如果你需要作单侧检验而软件给出的是双侧检验的 P 值,这时只需要把双侧检验的 P 值除以 2。如果你需要作双侧检验而软件给出的是单侧检验的 P 值,这时只需要把单侧检验的 P 值乘以 2。

2　等方差和异方差

等方差假设也是增加了一个有用信息,因此检验的效率比异方差要高。在本例的双侧检验中,等方差假设时的 P 值$=0.038<0.05$,认为该安眠药显著有效;异方差假设时的 P 值$=0.083\ 3>0.05$,不能认为该安眠药显著有效。可以借助统计方法判断两个处理的方差是否相等,仍然可以用 Excel 软件实现。

选用"数据分析"命令中的"F-检验 双样本方差"功能得下面表 2.4 的输出结果。

表 2.4　Excel 输出的检验结果

	A	B	C
1	F-检验 双样本方差分析		
2			
3		安慰组	服药组
4	平均	7.266 667	8.975
5	方差	3.658 667	0.545
6	观测值	6	8
7	df	5	7
8	F	6.713 15	
9	P(F<=f) 单尾	0.013 351	
10	F 单尾临界	3.971 522	

从表 2.4 中看到,安慰组的样本方差是 3.659,服药组的方差是 0.545,两者相差很大。输出结果中只有单侧检验的 P 值$=0.013\ 35$,而我们需要做的是双侧检验。很简单,只需要把单侧检验的 P 值乘以 2 倍,得双侧检验的 P 值$=2\times0.013\ 35=0.026\ 70<0.05$,因此认为两个处理下的方差有显著差异,所以对本例的实验结果应该使用异方差检验。综合以上分析,例 2.1 的检验问题应该采用异方差单侧检验,P 值$=0.041\ 7$,认为该安眠药有显著效果。

本例中两个处理的样本量不等,是不平衡实验,不平衡实验用异方差和等方差计算出的 t 统计量数值是不相同的。而平衡实验用异方差和等方差计算出的 t 统计量数值是相同的,只是自由度不同,这时两种方法的结果就比较接近,因此实验设计中通常要求做平衡实验。

两个或多个处理下方差相等的情况称为方差齐性,从严格的意义上说,任何两个处理的方差都不会完全相同,我们说方差齐性也只是认为两个处理的方差相差不大,其方差的差异程度不足以影响统计分析结果的正确性,这时采用平衡实验还能够进一步降低方差的差异对统计分析结果的影响。在方差齐性的前提下,平衡实验的统计效率是最高的。如果实验前能够确认方差是非齐性的,则应该对方差大的处理分配较大的样本量。

实际应用中的多数情况方差是齐性的。在实验的处理数目多于两个时,要使用方差分析比较多个处理间平均水平的差异,而方差分析的前提条件是方差齐性,所以等方差的假设是普遍的。

2.1.4　样本量问题

样本量的大小对检验结果的影响是重要的,并且有多方面的影响。

1　样本量与正态假设

学过统计学的读者可能已经注意到,在前面一节的检验条件问题中忽略了一个重要的条件,就是要求总体服从正态分布。统计学的很多方法都是建立在总体服从正态分布的基础上,按要求首先要检验总体是否服从正态分布,即进行正态性检验。然而当样本量较小时,各种正态性检验的效率都比较低,不能正确识别总体分布的正态性。从专业角度看,正态分布是就是"正常状态下的分布",实验设计中遇到的多数问题都是正常状态下的数据,实验指标也就服从正态分布。

在小样本情况下,如果确实认为总体不服从正态分布,理论上就要求用非参数检验方法。但是非参数检验的效率较低,在小样本时就更难以得到有效的结论。实际上,只要实验满足随机化原则,不论总体是否服从正态分布,各种非参数检验方法与 t 检验结论总是很接近的(见参考文献[3],p34),这一结论对方差分析等其他需要正态假定的统计分析方法也是适用的。因此本书不纠缠总体分布的正态性问题,同时也不花费篇幅讲述非参数检验方法。

当样本量较大时,正态性检验的效率也比较高,可以有效地判断数据是否来自正态分布。但是根据中心极限定理,在大样本量时,即使总体的分布不是正态分布,而有关的统计量(例如样本均值、样本方差)的分布却能够近似为正态分布,这时做正态性检验也没有必要性。

2　样本量与检验的效率

检验的效率与样本量有关,样本量大检验的效率就高,样本量小检验的效率就低,可以用下面的例子说明这个问题。

例 2.2　某健美俱乐部声称他们创建的减肥训练方法可以快速见效,只需要 3 天时间体重就可以明显减轻。他们举办的第一期训练班只有 5 名学员,分别测量出他们参加训练前的体重和参加训练 3 天后的体重。测量数据和统计分析结果见表 2.5。

表 2.5　5 名学员的数据和统计分析结果

	A	B	C	D	E	F
1	训练前	训练后		t-检验：成对双样本均值分析		
2	89.77	80.25				
3	55.19	58.62			训练前	训练后
4	88.58	86.56		平均	88.708	83.46
5	102.49	87.35		方差	417.01	273.9
6	107.51	104.52		观测值	5	5
7				泊松相关系数	0.945 6	
8				假设平均差	0	
9				df	4	
10				t Stat	1.6315	
11				P(T<=t) 单尾	0.0891	
12				t 单尾临界	2.1318	
13				P(T<=t) 双尾	0.1781	
14				t 双尾临界	2.7765	

这 5 名学员训练前的平均体重是 88.71 kg,参加 3 天训练后的平均体重是 83.46 kg,平均每人减掉 88.708−83.460＝5.248（kg）,从直观上看减肥的效果是显著的。从统计学上能否认为该俱乐部的减肥训练可以快速见效?

进一步做统计学的显著性检验,采用成对样本的 t 检验方法,使用"t-检验：成对双样本均值分析"命令,检验的输出结果也列在了表 2.5 中。从专业角度判断该训练不会导致体重增加,因此采用单侧检验。单侧检验的 P 值＝0.089 1＞0.05,所以在显著性水平 α＝0.05 时,不能认为这种训练方法能够快速见效。

在这个问题中,平均每人减掉体重 5.25 kg,从直观上看减肥的效果是显著的,但是在统计学上看减肥的效果还不够显著,其原因就是样本量 n＝5 太小。应该增加样本量,重新做检验。

现在第 2 期学员又有 10 人参加了减肥训练,两期共 15 名学员的体重数据和检验结果见表 2.6,平均每人减掉 95.514−90.323＝5.191（kg）,略小于第 1 期的平均值 5.248 kg,这时单侧检验的 P 值＝0.006 8＜0.05,在显著性水平 α＝0.05 时认为这种训练方法能够快速见效。

比较两次检验的结果,第 1 期 5 名学员平均每人减掉体重 5.248 kg,但是从统计学上看减肥的效果不显著。前两期累计 15 名学员平均每人减掉体重 5.191 kg,略小于第 1 期的平均值 5.248 kg,而统计效果却显著,这就是样本量对检验效率的影响。

表 2.6 15 名学员的数据和统计分析结果

	A 训练前	B 训练后	C	D	E	F
1	训练前	训练后		t-检验：成对双样本均值分析		
2	89.77	80.25				
3	55.19	58.62			训练前	训练后
4	88.58	86.56		平均	95.514	90.323
5	102.49	87.35		方差	532.29	407.51
6	107.51	104.52		观测值	15	15
7	70.02	68.93		泊松相关系数	0.954 5	
8	94.53	86.96		假设平均差	0	
9	112.61	102.15		df	14	
10	83.26	82.56		t Stat	2.822 5	
11	100.13	101.36		P(T<=t) 单尾	0.006 8	
12	81.4	72.5		t 单尾临界	1.761 3	
13	132.2	134.61		P(T<=t) 双尾	0.013 6	
14	99.59	94.19		t 双尾临界	2.144 8	
15	143.62	121.6				
16	71.81	72.69				

样本量大时检验的效率就高,它可以把细微的差异检查出来,但是这并不总是需要的,很多场合不同处理间的细微差异在专业角度并没有意义。这时对统计检验往往不是简单地关心两个处理间是否存在差异,而是关心差异是否达到某个界限。

例 2.3 某公司同一种零件分别在甲、乙两地生产,要求两地生产的零件电镀层的厚度平均相差不超过 5 μm。从两地生产的零件中分别随机抽选了 100 个零件进行测量,原始数据略。

对这个问题使用"t-检验：双样本异方差假设"命令做检验,在其菜单的"假设平均差中"项目中输入 5,计算结果见表 2.7。从计算结果中看到,甲地电镀层的平均厚度是 126.5 μm,乙地电镀层的平均厚度是 119.64 μm,相差 126.50−119.64＝6.86 (μm)。双侧检验的 P 值＝0.221,不能认为两地生产的零件电镀层的平均厚度之差超过 5 μm,两地目前的生产符合生产的要求。

3 样本量与检验的条件

前面讲到,等方差的检验效率高于异方差,当样本量较小时两种检验的效率相差较大,但是在大样本(每个处理的样本量都大于 30)的场合,两种检验的效率就很接近了,这时推荐用异方差。这是因为等方差假设总是近似的,其检验结果属于"软结论",而在大样本量时两者的检验效率既然很接近,当然就使用异方差检验的"硬结论"。实际上,在做两个处理差异的 t 检验时,不论样本量大小,都可以先做异方差条件下的 t 检验,如果异方差检验的结果已经能够认为两个处理间的差异显著,这时就不必再看等方差了。如果异方

表 2.7 t-检验: 双样本异方差假设

	甲 地	乙 地
平均	126.5	119.64
方差	112.030 3	117.485 3
观测值	100	100
假设平均差	5	
df	198	
t Stat	1.227 741	
$P(T<=t)$ 单尾	0.110 501	
t 单尾临界	1.652 586	
$P(T<=t)$ 双尾	0.221 002	
t 双尾临界	1.972 016	

差检验不能认为两个处理间的差异显著,就再看方差齐性的条件是否成立,如果成立,就再用等方差做检验。

4 两个处理的比例差异检验

在大样本量时,可以用 t 检验做两个处理下比例差异的检验。例如要检验某种药物的有效性,有效的病例记做 1,无效的病例记做 0,然后用 t 检验命令对数据做检验就可以了。这时需要注意的是,如果是检验两个比例是否相等,则使用等方差 t 检验,如果是检验两个比例的差异是否超过一定的程度,就要使用异方差 t 检验。不合格品率等问题也都可以做类似的处理。这种检验实际上就是医学统计中四格表的相关性检验,并且具有更强的检验功能,一方面可以做单侧检验,另一方面还可以检验两个比例的差异是否达到某一个界限。

2.2 方差分析

方差分析(analysis of variance, ANOVA)是用来判断因素的水平间是否有显著差异的统计方法,按所考察的因素数目,可以分为单因素方差分析、双因素方差分析和多因素方差分析。这一节介绍单因素方差分析和双因素方差分析,本书后面的章节中还会继续讲述多因素方差分析。在方差分析中,总是要求每个处理下实验指标服从正态分布,并且方差相等。对这两个条件的要求与上一节 t 检验相似,可以主要根据专业知识判定,本书后面用到方差分析的内容总是假定满足这两个条件,当然还要满足实验数据独立性(即符合随机化实验原则)的公共条件。

2.2.1 单因素方差分析

在比较实验中,很多场合下需要比较多个处理的效果,也就是一个因素的几个不同水平的均值是否相等,这是前面一节两个总体均值检验的推广。

1 问题的提出

首先用一个例子具体说明单因素方差分析问题。

例 2.4 某军工研究所研制一种炮弹,共提出了 4 种设计结构。考察炮弹的直射距离,每种结构下试射 8 发炮弹,实验数据见表 2.8。实验结果是否表明不同结构炮弹的直射距离有显著差异?

表 2.8 炮弹的直射距离   单位:m

	A	B	C	D
1	结构1	结构2	结构3	结构4
2	855	865	836	863
3	836	876	854	857
4	821	835	869	842
5	827	867	827	836
6	815	864	826	851
7	836	852	867	829
8	847	863	836	876
9	839	874	874	826

解 这个问题的实验因素是炮弹结构,属于单因素实验设计。共有 4 个结构,即 4 个水平,对应 4 种处理,在方差分析中称为单因素 4 水平实验。实验因素炮弹结构可以记作 A,其 4 个水平记为 A_1, A_2, A_3, A_4。本例是平衡实验,每个水平下都是做了 8 次实验。单因素方差分析也可以是不平衡实验,其数据的分析方法与平衡实验的情况完全相同。

用 Excel 的单因素方差分析命令计算,得表 2.9 的输出结果。

表 2.9 的输出结果分为两部分,第一部分是数据的简单汇总,计算出每个水平下数据的平均值和方差。结构 2 的平均直射距离最远为 862.0 m,结构 1 的平均直射距离最近为 834.5 m。

2 方差分析表

输出结果的第二部分是方差分析表,这种方差分析表在本书后面的很多地方都会用到,以下具体介绍表中的内容。

表 2.9　单因素方差分析

	A	B	C	D	E	F	G
1	方差分析：单因素方差分析						
2							
3	SUMMARY						
4	组	计数	求和	平均	方差		
5	结构1	8	6 676	834.5	174.29		
6	结构2	8	6 896	862	172.57		
7	结构3	8	6 789	848.63	389.13		
8	结构4	8	6 780	847.5	303.14		
9							
10							
11	方差分析						
12	差异源	SS	df	MS	F	P-value	F crit
13	组间	3 030.3	3	1 010.1	3.888 3	0.019 28	2.946 7
14	组内	7 273.9	28	259.78			
15							
16	总计	10 304	31				

（1）差异源。表中第 1 列是差异源，其中组间表示处理之间，反映因素各水平之间的差异。组内反映处理内的差异，就是随机误差。

（2）离差平方和。第 2 列的 SS 是离差平方和（sum of squares），组间离差平方和记做 SSA（sum of squares for factor A），也就是因素 A 的离差平方和，计算公式为

$$SSA = \sum_{i=1}^{a} \sum_{j=1}^{n_i} (\bar{y}_i - \bar{\bar{y}})^2 = \sum_{i=1}^{a} n_i (\bar{y}_i - \bar{\bar{y}})^2$$

其中 a 是因素 A 的水平数，即处理数，本例 $a=4$。n_i 是每个处理下实验数据的个数，本例每个处理下都做了 8 次实验，$n_i = 8$。

组内离差平方和记做 SSE（sum of squares for error），也就是误差平方和，计算公式为

$$SSE = \sum_{i=1}^{a} \sum_{j=1}^{n_i} (y_{ij} - \bar{y}_i)^2$$

总离差平方记做 SST（sum of squares for total），计算公式为

$$SST = \sum_{i=1}^{a} \sum_{j=1}^{n_i} (y_{ij} - \bar{\bar{y}})^2$$

三者之间满足平方和分解式

$$SST = SSA + SSE$$

本例的数据为 10 304＝7 274＋3 030。

（3）自由度。第 3 列 df（degrees of freedom）表示自由度，在方差分析中，组间的自由度也就是因素的自由度，是因素水平数减 1，本例因素水平数是 4，所以因素的自由度是 3。

总自由度是数据个数减 1，本例是 $32-1=31$。

组内的自由度也就是误差的自由度，等于总自由度减因素自由度，即 $31-3=28$。

（4）均方。第 4 列 MS（mean squares）是均方，也就是方差，等于离差平方和除以自由度。

$$MSA = SSA/(a-1)$$
$$MSE = SSE/(n-a)$$

（5）F 统计量。第 5 列 F 是 F 统计量值，等于因素的均方除以误差的均方，即

$$F = MSA/MSE$$

可以用 F 值与第 7 列的临界值（F crit）比较判定各处理间（即因素各水平间）的差异是否显著，当 F 值 $\geqslant F$ crit 时认为差异显著。本例

$$F \text{ 值} = 3.888 > F \text{ crit} = 2.947$$

所以认为各处理间（即因素各水平间）的差异显著。和前一节的 t 检验一样，实际上可以用 P 值判断显著性。

（6）P 值。第 6 列的 P 值表示我们认为一个因素各水平有显著差异时犯错误的概率，P 值越小就表示该因素各水平间的差异越显著。本例 P 值 $= 0.019\,28$，在显著性水平 $\alpha=0.05$ 时认为因素各水平间有显著差异，与用临界值判断的结论是一致的。

以上的检验结果是从总体上说炮弹结构对直射距离有显著影响，还可以进一步做多重比较，用 t 检验判断每两种结构之间的差异是否显著。具体方法参见文献[1]，本书在此不多介绍了。

2.2.2   双因素方差分析

例 2.5   在上面的例 2.4 中，发射炮弹所用的火炮是不同的，实际上使用了 4 门火炮，每种结构的 8 发炮弹分别用 4 门火炮发射，每门火炮发射两发。这时要把火炮作为区组因素也考虑在方差分析之中。

1   用 Excel 作双因素方差分析

这里火炮是区组因素，可以记做因素 B，这个实验可以看作双因素重复 2

次的全面实验,按表 2.10 所示输入数据。

表 2.10　含区组因素的实验数据

	A	B	C	D	E
1		结构1	结构2	结构3	结构4
2	火炮1	855	865	836	863
3		836	876	854	857
4	火炮2	821	835	869	842
5		827	867	827	836
6	火炮3	815	864	826	851
7		836	852	867	829
8	火炮4	847	863	836	876
9		839	874	874	826

这时的实验设计属于随机区组设计,在数据分析中,把区组因素也要作为一个分析因素,使用可重复双因素方差分析。按图 2.3 所示填写可重复双因素分析对话框,其中需要注意的是,可重复双因素分析对话框中没有列出"标志"选项,但是在选择数据区域时必须包含标志区域。"每一样本的行数"就是重复实验的次数 2。

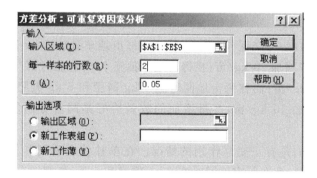

图 2.3　可重复双因素方差分析对话框

计算结果见表 2.11。表中的"样本"是指行因素,就是区组因素火炮;"列"是指炮弹结构因素;"内部"是指误差项。另外还有一个"交互"项,指交互作用,也称为交互效应。以下首先解释交互作用的概念,然后再说明方差分析结果。

2　交互作用

在多因素实验中,实验结果是由多个因素的综合作用形成的,有时某两个

表 2.11　可重复双因素方差分析表

差异源	SS	df	MS	F	P-value	Fcrit
样本	1 436.8	3	478.95	1.448	0.266	3.239
列	3 030.3	3	1 010.11	3.055	0.059	3.239
交互	546.5	9	60.73	0.184	0.993	2.538
内部	5 290.5	16	330.66			
总计	10 304.2	31				

或几个因素之间会存在交互作用即因素之间联合起作用。下面的表 2.12 是用来说明交互作用的示意表。考虑磷肥(P)和氮肥(N)两种化肥对增产的作用,假如某种农作物在不施化肥时亩产 150 kg。

表 2.12　氮肥和磷肥对产量的交互作用表　　　　　单位:kg

(a) 无交互作用			(b) 正交互作用			(c) 负交互作用		
N \ P	0	5	N \ P	0	5	N \ P	0	5
0	150	170	0	150	170	0	150	170
5	180	200	5	180	230	5	180	170

表 2.12(a)是无交互作用的情况。在每亩地单独施 5 kg 磷肥时亩产为 170 kg,使亩产增加 20 kg/亩;在每亩地单独施 5 kg 氮肥时亩产为 180 kg,使亩产增加 30 kg/亩;而在每亩地同时施 5 kg 磷肥和 5 kg 氮肥时亩产为 200 kg,使亩产增加 50 kg/亩,产量增加的数量恰好是两者分别使用时的增量之和。

表 2.12(b)是有正交互作用的情况。在单独使用磷肥和氮肥时增量和表 2.12(a)相同,而在每亩地同时施 5 kg 磷肥和 5 kg 氮肥时亩产为 230 kg,使亩产增加 80 kg/亩,产量增加的数量高于两者分别使用时的增量之和。

表 2.12(c)是有负交互作用的情况。在每亩地同时施 5 kg 磷肥和 5 kg 氮肥时亩产为 170 kg,仅使亩产增加 20 kg/亩,产量增加的数量低于两者分别使用时的增量之和。

3　分析计算结果

继续分析表 2.11 的方差分析表,从表中看到,检验的项目共有 3 个,分别是样本、列、交互,这时炮弹结构(列因素)检验的 P 值 = 0.059 > 0.05,说明不同的炮弹结构没有显著差异,这个结果与前面没考虑区组因素时的检验结果是不同的,应该相信哪一个检验结果?

　　双因素方差分析中炮弹结构检验的 P 值为 0.059,仅略大于 0.05。这时虽然不能拒绝原假设,认为不同结构炮弹的直射距离有显著差异,但是也不应该贸然接受原假设,断定不同结构炮弹的直射距离没有显著差异。对这个结果的正确解释是:根据目前的数据分析结果还不能认为不同结构炮弹的直射距离有显著差异,需要做进一步的检验。进一步的检验方法有两个,第一是增大样本量;第二是做进一步的统计分析。以下采用第二种方法。

　　由于 3 个检验项目都不显著,这时可以把其中最不显著(也就是 P 值最大的)一项归入误差项,以增加误差项的自由度,提高检验的效率。本例中交互作用项 P 值为 0.993 最不显著,把它归入误差项,也就是认为炮弹结构和火炮之间没有交互作用,然后再做方差分析。遗憾的是,这时的方差分析属于重复实验无交互作用的情况,Excel 软件没有提供这个统计分析功能,可以用 SAS 等专业统计软件实现。不过,借助表 2.11 的结果,只需要通过简单的计算就能得到新的重复实验无交互作用的方差分析表,见表 2.13。

表 2.13　无交互作用双因素方差分析表

差异源	SS	df	MS	F	P-value	Fcrit
样本	1 436.8	3	478.95	2.051	0.132 3	2.991
列	3 030.3	3	1 010.11	4.326	0.013 8	2.991
内部	5 837.0	25	223.48			
总计	10 304.2	31				

其中:

　　误差平方和 $SSE = 5\ 290.5 + 546.5 = 5\ 837.0$;

　　误差自由度 $df = 19 + 6 = 25$;

　　均方误差 $MSE = 5\ 837.0/25 = 223.48$;

　　炮弹结构因素 A(列)$F_A = MSA/MSE = 1\ 010.11/223.48 = 4.326$;

　　区组因素火炮 B(样本)$F_B = MSB/MSE = 478.95/223.48 = 2.051$;

　　A 因素的 P 值用公式"=FDIST(4.326, 3, 25)"计算;

　　B 因素的 P 值用公式"=FDIST(2.051, 3, 25)"计算;

　　A 因素和 B 因素的临界值都用公式"=FINV(0.05, 3, 25)"计算或者查表。

　　从表 2.13 中看到,此时炮弹结构因素 A 的 P 值为 $0.013\ 8 < 0.05$,说明不同结构炮弹的直射距离有显著差异。而区组因素火炮 B 的 P 值为

0.132 3>0.05，表明不同火炮对直射距离没有影响。

这个例子中有一个实验因素，一个区组因素，在数据分析中实验因素和区组因素都作为分析因素，属于双因素方差分析。如果实验中同时考察两个实验因素而没有区组因素，对数据的分析也同样用上面的双因素方差分析方法，就不再重复介绍了。

4 有关方差分析的两个问题

（1）关于 P 值。P 值是一个概率值，表示我们认为一个因素各水平有显著差异时犯错误的概率。在多因素实验设计中，可以进一步用 P 值表示各因素对实验的影响程度，或者说因素在实验中的重要性。P 值越小我们就认为该因素越重要，反之 P 值越大就表示这个因素越不重要。

一般取 P 值的界限为 0.20，0.05，0.01 这 3 个档次，因素的重要性与 P 值的关系见表 2.14。

表 2.14 P 值与因素重要程度的关系

$0{\leqslant}P$ 值${\leqslant}0.01$	该因素高度显著，非常重要
$0.01{<}P$ 值${\leqslant}0.05$	该因素显著，是重要因素
$0.05{<}P$ 值${\leqslant}0.20$	该因素显著性很弱，对实验结果有弱影响
$0.20{<}P$ 值${\leqslant}1$	该因素不显著，对实验结果没有影响

（2）关于误差项的合并。在前面的例子中，为了增加误差项的自由度，把交互作用这个不显著的因素合并到误差项之中，可以增加其他因素的显著性。把不显著的因素和交互作用合并到误差项之中，使其他因素和交互作用的显著性增加，这是多因素方差分析的通用做法。至于哪些项应该合并到误差项之中，并没有一个统一的标准，一般是把均方小于误差项的均方或者 P 值大于 0.20 的项合并到误差项之中。本书建议，只要该项合并到误差项之中后，其他项的 P 值都能够减小，就合并该项。需要注意的是，不论用哪一个准则，原则上说每次都只能合并一个 P 值最大的项，而不能同时合并几个不显著项。对于正交实验设计，合并误差项后其他因素的离差平方和不变，因此同时把几个显著性很低的项合并到误差项中也是可行的。

思考与练习

思考题

2.1　谈谈比较实验的统计分析方法。

2.2　两个处理水平对比用什么检验方法,说明影响检验结果的条件。

2.3　举例说明,在单侧检验中如何解决检验的方向问题。

2.4　平衡实验的优点是什么?

2.5　样本量的大小对检验效率有什么影响?

2.6　以单因素方差分析为例,说明方差分析表的结构和表中各项的含义。

2.7　举例说明什么是交互作用。

2.8　说明多因素方差分析中,把不显著项合并到误差项的作用和方法。

练习题

2.1　汽车的启动速度是一个重要的指标,一家国产汽车的厂家为了证明自己生产的汽车启动速度已经达到同类型(排气量和油耗相同)进口车的水平,分别测得 15 辆国产车和 15 辆进口车的启动时间(单位:s)为:

国产车	8.1 9.1 8.9 9.4 9.6 7.2 8.9 9.2 8.8 9.0 9.4 9.5 8.2 9.7 10.3
进口车	9.5 7.6 9.0 8.9 7.8 9.2 8.0 9.4 9.1 7.4 8.3 7.1 8.6 9.2 7.8

在显著性水平 $\alpha=0.05$ 下,检验该厂家声明是否正确。

2.2　一种金属硬度测试机,它是通过用一定的力把尖头杆的尖端压入金属样品,然后根据杆尖压入的深度而得到样品的硬度。为了比较两台测试机的测试效果,选用了 10 种不同的金属块,每个金属块划分为两部分,将其中的一部分随机指定给一台测试机,另一部分则指定给另一台测试机,并且先用哪一台测试机测量也是随机的。测量结果(深度单位:mm)如下:

第一台	7.50	3.26	4.98	5.24	5.36	7.61	2.38	6.42	5.03	4.29
第二台	7.56	3.35	4.77	5.10	5.46	7.21	2.41	6.37	5.28	4.34

在显著性水平 $\alpha=0.05$ 下,检验两台硬度测试机的测试效果是否有显著差异。

2.3 研究一种新降压药的疗效,采用双盲实验,将 30 名高血压患者随机分入标准组和实验组各 15 人,标准组服用常规的降压药,实验组服用新研制的降压药。分别测量出服药前和服药 24 h 后每人的血压(收缩压),数据见下表,在显著性水平 $\alpha = 0.05$ 下检验:

(1) 这种新降压药是否有效?

(2) 该常规降压药是否有效?

(3) 新降压药的效果与常规降压药的效果是否有显著差异?

(4) 是否可以认为新降压药的平均降压幅度超过 15?

标准组			实验组		
服药前	服药后	降幅	服药前	服药后	降幅
125	115	10	135	120	15
110	105	5	120	100	20
108	100	8	128	95	33
126	120	6	105	90	15
120	112	8	118	102	16
132	122	10	135	125	10
125	100	25	120	105	15
105	95	10	130	110	20
137	105	32	115	100	15
120	90	30	110	95	15
118	95	23	128	100	28
110	105	5	105	95	10
117	102	15	116	100	16
132	110	22	130	113	17
130	121	9	125	105	20

2.4 对例 2.1 的数据,读者自己用如下的 SAS 程序计算,分析输出结果。其中变量 ID=0 表示安慰组,ID=1 表示服药组。

```
DATA t1;
    INPUT ID y;
CARDS;
0    8.2
0    5.3
0    6.5
0    5.1
```

```
0    9.7
0    8.8
1    9.5
1    8.9
1    9.2
1    10.1
1    9.3
1    8.3
1    8.8
1    7.7
PROC Ttest;
class ID;VAR y;RUN;
```

2.5 对习题 2.1 的数据用单因素方差分析做统计分析,根据计算结果回答:

(1) 单因素方差分析与等方差双侧 t 检验的 P 值是否相同?

(2) 如何用单因素方差分析做等方差单侧 t 检验?

(3) 单因素方差分析的 F 值与等方差 t 检验的 t 值之间有什么关系?

(4) 说明单因素方差分析与等方差 t 检验的关系。

2.6 下面的数据是三种不同设计型号的照明弹的燃烧时间(s),比较三者的平均燃烧时间是否有显著差异(取 $\alpha = 0.05$)。

型号 I	型号 II	型号 III
65	69	62
68	65	64
67	74	59
72	72	63
64	67	67

2.7 某化工厂需要乙醇含量为 80% 的工业酒精作为生产的原料,要检验每批原料中乙醇的含量是否相同。现在随机选取了 5 批原料,从每批原料中随机采取 6 份样品,由 3 个检验员每人随机检验 2 份,这样每个检验员共需要检验 10 份样品。30 份样品的检验顺序也是随机的,每个检验员自己并不知道所检验的是哪一批原料的样品,也不知道其他样品的检验结果,由此保证实验数据的随机性。得到如下表的检验数据,分析实验的结果。

检验员	批 次				
	I	II	III	IV	V
1	82.6	79.8	80.6	77.9	78.9
1	81.5	78.6	80.0	77.2	79.4
2	81.6	78.9	79.8	78.3	78.6
2	80.9	79.2	79.6	77.6	78.0
3	80.6	78.3	80.3	78.0	79.0
3	82.0	78.9	79.6	77.3	78.5

第 **3** 章

单因素优化实验设计

单因素优化实验设计包括均分法、对分法、斐波那契(Fibonacci)数法、黄金分割法等多种方法,统称为优选法。这些方法都是在生产过程中产生和发展起来的,从 20 世纪 60 年代起,我国著名数学家华罗庚教授在全国大力推广优选法,取得了巨大的成效。

3.1　单因素优化实验设计的适用场合

优选问题在实验研究、开发设计中经常碰到。例如在现有设备和原材料条件下,如何安排生产工艺,使产量最高、质量最好;在保证产品质量的前提下使产量高而成本低。为了实现以上目标就要做实验,优化实验设计就是关于如何科学安排实验并分析实验结果的方法。

单因素优选法是指在安排实验时,影响实验指标的因素只有一个。实验的任务是在一个可能包含最优点的实验范围 $[a, b]$ 内寻求这个因素最优的取值,以得到优化的实验目标值。

在多数情况下,影响实验指标的因素不止一个,称为多因素实验设计。有时虽然影响实验指标的因素有多个,但是只考虑一个影响程度最大的因素,其余因素都固定在理论或经验上的最优水平保持不变,这种情况也属于单因素实验设计问题。

单因素优化实验设计有多种方法,对一个实验应该使用哪一种方法与实验的目标、实验指标的函数形状、实验的成本费用有关。在单因素实验中,实验指标函数 $f(x)$ 是一元函数,它的几种常见形式如图 3.1 所示。这几种函数形式也不是截然分开的,在一定条件下可以相互转换。例如图 3.1(d)的多峰函数,如果把实验范围缩小一些就成为单峰函数。另外有些方法并不要求实验指标是定量的连续函数。

有时不直接使用实验指标,而是构造一个与实验指标有关的目标函数,以满足实验方法所需要的目标函数形式,具体方法见例 3.1 和例 3.3。

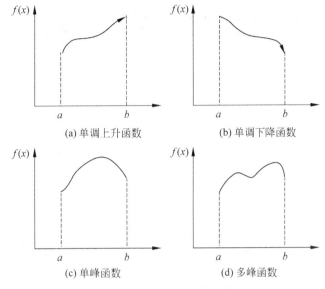

图 3.1　实验指标函数形状

3.2　均　分　法

均分法是单因素实验设计方法,它是在因素水平的实验范围 $[a,b]$ 内按等间隔安排实验点。在对目标函数没有先验认识的场合下,均分法可以作为了解目标函数的前期工作,同时可以确定有效的实验范围 $[a,b]$。

例 3.1　在大豆增产实验中,考察氮肥(尿素)施加量对单产的影响。仅从实验指标单产看,在一定范围内施肥量越高单产也越大,单产是施肥量的单调增加函数,不符合均分法单峰函数的要求。这时取目标函数为施肥后每亩地的增加利润,它是施肥量的单峰函数。该地区氮肥的价格是 1.6 元/kg,大豆的销售价格是 3.5 元/kg,氮肥的实验范围定为 $[0,18]$ kg/亩。实验数据见表 3.1,其中

$$增加利润 ＝(单产－100.6)\times3.5－施肥量\times1.6$$

例如施肥量为 1 kg/亩时增加利润为

$$(107.2 - 100.6) \times 3.5 - 1 \times 1.6 = 21.5 \text{（元/亩）}$$

表 3.1　大豆单产数据表

施肥量 /kg/亩	单产 /kg/亩	增加利润 /元/亩	施肥量 /kg/亩	单产 /kg/亩	增加利润 /元/亩
0	100.6	0.00	10	126.9	76.05
1	107.2	21.50	11	127.1	75.15
2	110.5	31.45	12	127.3	74.25
3	113.9	41.75	13	127.9	74.75
4	116.3	48.55	14	128.3	74.55
5	118.3	53.95	15	128.9	75.05
6	120.1	58.65	16	128.8	73.10
7	122.7	66.15	17	129.2	72.90
8	123.6	67.70	18	129.1	70.95
9	125.3	72.05			

解　从图 3.2(a)看到,单产是施肥量的单调增加函数,先是随着施肥量的增加而迅速增加,但是当施肥量超过 10 kg/亩后,单产的增加幅度变得缓慢。而每亩地的增加利润则是施肥量的单峰函数,在施肥量为 10 kg/亩时达到最大值 76.05 元/亩。

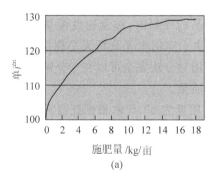

(a)

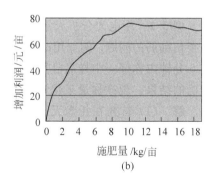

(b)

图　3.2

这个例子的实验设计是一个整体设计,19 种处理可以同时进行,并且每个处理的费用不高,这种情况适合于使用均分法安排实验。

3.3　对　分　法

对分法也称为等分法、平分法,是一种有广泛应用的方法,例如查找地下输电线路的故障,排水管道的堵塞位置以及确定生产中某种物质的添加量问题。

例如一段长度为 1 000 m 的地下电线出现断路故障,首先在 500 m 处的中点检测,如果线路是连通的就可以断定故障发生在后面的 500 m 内;如果线路不连通就可以断定故障发生在前面的 500 m 内。

重复以上过程,每次实验就可以把查找的目标范围再减小一半,通过 n 次实验就可以把目标范围锁定在长度为 $(b-a)/2^n$ 的范围内。例如 7 次实验就可以把目标范围锁定在实验范围的 1% 之内;10 次实验就可以把目标范围锁定在实验范围的 1‰ 之内。由此可见对分法是一种高效的单因素实验设计方法,只是需要目标函数具有单调性的条件。它不是整体设计,需要在每一次实验后再确定下一次实验位置,属于序贯实验。

只要适当选取实验范围,很多情况下实验指标和影响因素的关系都是单调的。例如钢的硬度和含碳量的关系,含碳量越高钢的硬度也越高,但是含碳量过高时会降低钢材的其他质量指标,所以规定一个钢材硬度的最低值,这时用等分法可以很快找到合乎要求的碳含量值。

例 3.2　用电光分析天平准确称量物品的质量时,称量速度慢是一个令人很伤脑筋的问题。例如用准确度为万分之一克的电光分析天平称量,能够在 5 分钟内称好一个样品已算快的了。使用对分法完全可以在一分钟内得出准确的结果。现欲称量某化学物品的准确质量。

解　(1)首先在托盘天平上称量出其质量为 32.5 g,根据托盘天平的准确度,估计该化学物品的质量在 32.45 g～32.55 g 之间,然后在电光分析天平上继续称量。

(2)按对分法,第一次加的砝码是 $(32.45+32.55)/2 = 32.50$ (g),旋动天平下的旋钮,放下天平的托架,观察天平的平衡情况,右盘下沉,表示加的砝码多了,于是 32.50 g～32.55 g 都大于此物品的质量,全部舍去,不再实验这部分。经过第一次称量,物品的质量确定在 32.45 g～32.50 g 之间。

(3)再按对分法,称量点选在 $(32.45+32.50)/2=32.475$ (g),所以应该加 32.47 g 砝码(10 μg 以下直接在投影屏上读数,不需要加 μg 级的砝码），以下操作同上述(2)，结果发现右盘下沉，故 32.47 g～32.50 g 都多了，物品的质量应在 32.45 g～32.47 g 之间。

(4) 第三次称量点选在(32.45+32.47)/2=32.46（g），在右盘加 32.46 g 砝码称量，由于该化学物品的质量与 32.46 g 相差小于 10 μg，这时就可以读出物品的质量为 32.468 5 g。

可见，用对分法在电光分析天平上称量一个样品质量，一般只进行 3～4 次操作就可以了，比用常规称量速度快几倍。

对分法的实验目的是寻找一个目标点，每次实验结果分为三种情况：

(1) 恰是目标点；

(2) 断定目标点在实验点左侧；

(3) 断定目标点在实验点右侧。

实验指标不需要是连续的定量指标，可以把目标函数看作是单调函数。

3.4　黄金分割法

黄金分割法也称为 0.618 法，从 20 世纪 60 年代起，由我国数学家华罗庚教授在全国大力推广的优选法就是这个方法。它适用于在实验范围内目标值为单峰的情况，是一个应用范围广阔的方法。

华罗庚于 1910 年 11 月 12 日出生于江苏省金坛县，历任清华大学教授，中国科学院数学研究所、应用数学研究所所长、名誉所长，中国科技大学数学系主任、副校长，一至六届全国人大常务委员，六届全国政协副主席等职务。1964 年在中国科技大学任教期间，华罗庚带领他的助手和学生深入到西南铁路建设中推广统筹法，在此期间遇到了这样一件事情。一名班长和一名士兵，他们在爆破山洞时，一次放了 22 支雷管，其中的一支失灵，出现哑炮。战士抢先冲进山洞，班长也跟着冲进去了，却都没有再走出来。华罗庚深深地被英雄的壮举感动了，作为一名数学家的华罗庚想到：难道这是不可避免的吗？我们工厂生产的雷管，为什么到现场使用时，要让人付出血的代价？难道只有用这种方式才能检验它是否合格吗？这里有生产管理的漏洞，也存在着应用数学的问题。

回到学校后，华罗庚向师生们讲述了他从生产一线提炼出的数学应用问题。他说："我们这次在基层发现，实际生活中有两类问题：一类关于组织管理，一类关于产品的质量。把生产组织好，尽量减少窝工现象，找出影响工期的原因,合理安排时间,统筹人力物力,使产品生产得更好更快更多,在这方面,统筹法大有可为。再就是优选法,它能以最少的实验次数,迅速找到生产的最优方案,也就是尽快找出有关产品质量因素的最佳点,达到优质,减少浪费。"在之后的近二十年间,华罗庚走遍祖国的山山水水,深入到工厂、矿山,用深入浅出的语言向工程技术人员和基层管理人员介绍优选法和统筹法,从此优选法在全国遍地开花。

0.618 方法的思想是每次在实验范围内选取两个对称点做实验,这两个对称点的位置直接决定实验的效率。理论证明这两个点分别位于实验范围 $[a,b]$ 的 0.382 和 0.618 的位置是最优的选取方法。这两个点分别记为 x_1 和 x_2,则

$$\begin{cases} x_1 = a + 0.382(b-a) \\ x_2 = a + 0.618(b-a) \end{cases}$$

对应的实验指标值记为 y_1 和 y_2。如果 y_1 比 y_2 好则 x_1 是好点,把实验范围 $[x_2, b]$ 划去,保留的新的实验范围是 $[a, x_2]$;如果 y_2 比 y_1 好则 x_2 是好点,把实验范围 $[a, x_1]$ 划去,保留的新的实验范围是 $[x_1, b]$。不论保留的实验范围是 $[a, x_2]$ 还是 $[x_1, b]$,不妨统一记为 $[a_1, b_1]$。对这新的实验范围 $[a_1, b_1]$ 重新使用以上黄金分割过程,得到新的实验范围 $[a_2, b_2]$,$[a_3, b_3]$,$\cdots$,逐步做下去,直到找到满意的、符合要求的实验结果。

通俗地说 0.618 法就是一种来回调试法,这是我们在日常生活和工作中经常用的方法。0.618 法可以用下面的一个简单的演示加以说明。

假设某工艺中温度的最佳点在 0 ℃~1 000 ℃之间,并且实验指标是温度的单峰函数,越大越好。如果采用均分法每隔 1 ℃做一个实验共需要做 1 001 次实验。现在使用 0.618 法寻找温度的最佳点,步骤如下:

(1) 首先准备一张 1 m 长的白纸,在纸上任意画出一条单峰曲线,如图 3.3(a)。

(2) 用直尺找到 0.618 m,记为 x_2。

(3) 将纸对折,找到 x_2 的对称点(也就是 0.382 m),记为 x_1。

(4) 比较 x_1 和 x_2 两点曲线的高度,如果曲线在 x_1 处高,则 x_1 是好点,把白纸从 x_2 的右侧剪下,如图 3.3(b);如果曲线在 x_2 处高,则 x_2 是好点,把白纸从 x_1 的左侧剪下。

(5) 在剩余的白纸上只有一个实验点,不论是 x_1 还是 x_2,找出其对称点。不妨将其小者(左边的点)记为 x_1,将其大者(右边的点)记为 x_2,如图 3.3(c)。

(6) 重复以上第(4)、(5)两步,如图 3.3(d),直到白纸只剩下 1 mm 宽为

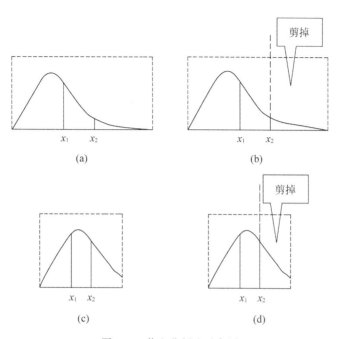

图 3.3　黄金分割法示意图

止,这就是实验所要找的最佳点。

用 0.618 法做实验时,第一步需要做两个实验,以后每步只需要再做一个实验。如果在某一步实验中,两个实验点 x_1 和 x_2 处的实验指标值 y_1 和 y_2 相等,这时可以只保留 x_1 和 x_2 之间的部分作为新的实验范围。

0.618 法是一种简易高效的方法,每步实验划去实验范围的 0.382 倍,保留 0.618 倍。对上述两个实验点 x_1 和 x_2 处的实验指标值 y_1 和 y_2 相等的情况,则划去实验范围的 0.618 倍,保留 0.382 倍。经过 n 步实验后保留的实验范围至多是最初的 0.618^n 倍,其具体数值见表 3.2。例如当 $n=10$ 时,不足最

表 3.2　n 次实验后 0.618 法保留区间的长度(最初长度为 1 m)

实验步数	1	2	3	4	5	6	7	8
保留长度/m	0.618	0.382	0.236	0.146	0.090	0.056	0.034	0.021
实验步数	9	10	11	12	13	14	15	16
保留长度/m	0.013	0.008	0.005	0.003	0.002	0.001	0.001	0.000

初实验范围的 1%。但是其使用效率受到测量系统精度的影响。如果测量系统的精度较低,以上过程重复进行几次以后就无法再继续进行下去了。

例 3.3　在电极糊的生产中,某企业以前采用全部使用罐煅煤的生产方式,但是电极糊达不到电阻率小于 90 $\mu\Omega \cdot m$ 的国际标准。针对这种情况,企业尝试在罐煅煤中添加部分电煅煤,根据专业知识初步确定电煅煤用量范围在 10%～35% 之间,进一步使用优选法寻找电煅煤的最优配比。

解　实验范围是 $[10\%,35\%]$,$a = 10\%$,$b = 35\%$,两个实验点为:

$$\begin{cases} x_1 = a + 0.382(b-a) = 10 + 0.382 \times (35 - 10) = 19.55 \approx 20\% \\ x_2 = a + 0.618(b-a) = 10 + 0.618 \times (35 - 10) = 25.45 \approx 25\% \end{cases}$$

分别在 $x_1 = 20\%$ 和 $x_2 = 25\%$ 处做实验,得 $y_1 = 89.91$,$y_2 = 85.48$。可以看到,添加 25% 的电煅煤时电极糊的电阻率是 85.48 $\mu\Omega \cdot m$,已经达到电阻率小于 90 $\mu\Omega \cdot m$ 的国际标准的要求,只做了两个实验就成功地解决了问题。从理论上说,这个实验还可以继续做下去,找出电阻率更低的实验条件。

由以上实验看到,在单因素实验中,用优选法确定实验方案可以大量减少实验次数,缩短实验时间,节省实验费用。

黄金分割法适用于实验指标或目标函数是单峰函数的情况,要求实验的因素水平可以精确度量,但是实验指标只要能比较好坏(定序数据)就可以了。

黄金分割法在我国有深厚的群众基础,对很多人而言优选法就是黄金分割法(0.618 法),在各种优选问题中也总是使用黄金分割法,让我们看一看下面的查找水管漏水位置的实例(参考文献[12])。

某城市大口径给水管地处城郊结合部,由于某种原因,已完成的全长 1 000 m 的铸铁管未试压就进行了全线回填并恢复了原地貌,但在随后的试压中发现管线有泄漏。经过分析,问题发生在接口泄漏,这段管道共有 141 个接口,其中在井室内的 15 个接口无一泄漏,采用黄金分割法检验泄漏处。在桩号 0 + 700 (m) 处有一阀门,在此处将 1 000 m 管段分成南北两段进行压力试验。压力试验表明北段的 700 m 管线接口合格,南段的 300 m 管线中存在着严重的泄漏点。查施工记录得知南段 300 m 管线共有 36 个接口,其中 2 个是钢管焊接接口并经过无损检测,所以不可能泄漏。另外井室内有 7 个接口,剩下埋地接口 27 个。对这 27 个埋地接口编号后再用优选法找漏。将 27 乘以 0.618 得出 16.686,于是,先挖出第 16 号接口处的工作坑,没有发现泄漏,检查与回填同步进行。继续检查 15 号坑,……,依次检查下去,当挖到第 10 号坑检查时发现有泄漏现象,经业主与监理同意,将泄漏接口处理后继续试压,仍有泄漏,继续挖接口工作坑检查,又发现 8 号坑和 7 号坑有泄漏现象,经检查记录发现这三处泄漏点均在气候环境不好的情况下施工,处理好渗漏问题后继续升压结果合格,全段 1 000 m 管线的水压试验顺利完成。

从这个实例可以看到,黄金分割法在我国确实有着深厚的群众基础,尽管在实际应用中会出现对方法的理解和使用并不完全正确的现象,但是使用的效果往往是非常显著的。对上面这个实例读者可以谈谈自己的观点,看看存在什么问题? 有哪些需要改进的地方?

3.5　分　数　法

对于接口的数目是整数的这类情况,可以使用分数法做检验。分数法也称为斐波那契数法,是用斐波那契(Fibonacci)数列安排实验的方法,这个数列记为 F_n,其数值是:

n	0	1	2	3	4	5	6	7	8	9	10	11	…
F_n	1	1	2	3	5	8	13	21	34	55	89	144	…

起始的两个数都是 1,从 $n \geqslant 2$ 起每个数都是前面两个数之和,即

$$F_n = F_{n-1} + F_{n-2} \quad (n \geqslant 2)$$

13 世纪意大利数学家斐波那契的名著《算盘数》中提出这样一个问题,有一对兔子饲养在围墙中,如果它们每个月生一对兔子,且新生的兔子在第二个月也是每个月生一对兔子,问一年后围墙中共有多少对兔子? 书中对此问题作了分析:第一个月是最初的一对兔子生下一对兔子,围墙中共有两对兔子。第二个月仍是最初的一对兔子生下一对兔子,围墙中共有 3 对兔子。到第三个月除最初的一对兔子生下一对兔子,第一个月生下的兔子也开始生兔子,因此共有 5 对兔子。继续推算下去,每个月的兔子总数就是前两个月兔子数之和,这正是上面给出的斐波那契数,第 12 个月共有 377 对兔子。

分数法是和 0.618 法相似的一种方法,也是适用于实验范围 $[a, b]$ 内目标函数为单峰的情况,但是需要预先给出实验次数,尤其适用于因素水平仅取整数值或有限个值的情况。一些因素虽然理论上说是可以连续计量的,但是在实际使用时往往可以认为只取整数值,例如温度、时间等。这时全部可能的实验次数就是因素水平的数目,在这种情况下斐波那契数法是比 0.618

法更为直观简便的方法。

记因素水平的数目为 m,在使用斐波那契数法设计实验时,需要在因素的最低水平下再增加一个虚拟的零水平,这是为了使实验具有对称性。具体分为下面两种情况:

(1) 因素水平的数目 m 恰是某个斐波那契数 F_n。这时含虚拟零水平的数目是 $m+1=F_n+1$,最初两个实验点放在因素的 F_{n-2} 和 F_{n-1} 这两个水平上。这时 F_{n-1} 右边共有 $F_n-F_{n-1}=F_{n-2}$ 个实验点,F_{n-2} 左边含虚拟零水平的实验点个数也是 F_{n-2} 个,所以 F_{n-2} 和 F_{n-1} 这两个实验点的位置是对称的。比较这两个实验的结果,如果 F_{n-2} 点好则划去 F_{n-1} 以上的实验范围,只保留从 0 到 F_{n-1} 这 $F_{n-1}+1$ 个水平(含虚拟零水平),对这 $F_{n-1}+1$ 个水平继续使用斐波那契数法;如果 F_{n-1} 点好则划去 F_{n-2} 以下的实验范围,只保留从 F_{n-2} 到 F_n 这 $F_{n-1}+1$ 个因素水平,对这 $F_{n-1}+1$ 个水平继续使用斐波那契数法。

(2) 如果因素水平的数目 m 不是斐波那契数,记这个数目在 F_{n-1} 和 F_n 之间,这时需要采用虚拟水平方法,在实际因素水平的两端增加虚拟的水平,把因素水平的数目增加为 F_n 个,然后再按上述的方法安排实验。虚拟水平处的实验按两端的实际水平安排。

可以证明,当 n 较大时,$F_{n-1}/F_n \approx 0.618$,$F_{n-2}/F_n \approx 0.382$,例如 $n=11$ 时,$89/144=0.618\,056$,$55/144=0.381\,944$,与黄金分割数非常接近。

如果因素水平是连续的数量值,也可以按照 F_{n-2}/F_n 和 F_{n-1}/F_n 的比例安排实验点,不过这时不如使用 0.618 法更为直接。

例 3.4   一个集成电路的制造工艺需要印制出宽度为 3.00 μm 的微晶粒线,决定微晶粒线宽的主要影响因素是曝光时间,曝光时间越长微晶粒线就越宽。所用设备的曝光时间分为 30 档,现在希望用最少的实验次数找出最好的实验条件。

解   这个问题中线宽 y 是曝光时间 t 的单调函数,取 $|y-3.00|$ 为实验的目标函数,这个目标函数是因素水平的单峰函数。现在的目标是寻找目标函数 $|y-3.00|$ 的最小值。设备的曝光时间分为 30 档不是斐波那契数,大于 30 的最小斐波那契数是 $F_8=34$,这样需要增加 4 个虚拟水平,不妨虚拟为 31 到 34 档,这 4 个虚拟档的曝光时间都按照设备的第 30 档实施。另外再增加一个虚拟的 0 档,总的实验范围是 0 到 34 档,因素水平数是 34+1,其中+1 表示零水平。实验的设计和实验结果列在表 3.3 中,具体为:

(1) 第 1 次实验需要做两个实验,斐波那契数是 13 和 21,实验点也是 13 档和 21 档。实验结果表示实验点 21 档是好点,划去 13 左面的 0 至 12 这 13

个实验点,剩余的实验范围是 13 至 34 共 21＋1 个实验点。

(2) 第 2 次实验的斐波那契数是 8 和 13,对应的实验点档次是 13＋8＝21 和 13＋13＝26。其中实验点 21 档是在上一次已经做过的实验,在表中加上括号,所以第 2 次实验实际只需要做一个实验。实验结果表示实验点 26 档是好点,划去 21 左面的 13 至 20 这 8 个实验点,剩余的实验范围是 21 至 34 共 13＋1 个实验点。

(3) 第 3 次实验的设计和分析与上面相似,剩余的实验范围是 21 至 29 共 8＋1 个实验点。

(4) 第 4 次实验两个实验点的线宽结果相同,这时可以把两个实验点的前后两部分同时去掉,只保留两个实验点中间的部分,剩余的实验范围是 24 至 26。

(5) 第 5 次实验的实验范围是 24,25,26 这 3 个实验点,其中第 24,26 两点的实验已经做过,对第 25 个实验点的实验结果表明这是最佳实验点,其线宽为 3.01,与目标值 3.00 最接近。

表 3.3　斐波那契数实验设计与实验结果

实验号	水平数目	实验范围	斐波那契数	实验点（档次）	线宽 y	目标函数 $\|y-3.00\|$
1	34＋1	0	13	13	1.26	1.74
		34	21	21	2.35	0.65*
2	21＋1	13	8	(21)	2.35	0.65
		34	13	26	3.05	0.05*
3	13＋1	21	5	(26)	3.05	0.05*
		34	8	29	3.26	0.26
4	8＋1	21	3	(24)	3.05	0.05*
		29	5	26	2.95	0.05*
5	2＋1	24	1	25	3.01	0.01*
		26	1	(26)	2.95	0.05

注:表中目标函数值加"*"号的点表示好点。

从这个例子可以看到,最初的因素水平数是 $F_8=34$,第 1 次实验后的因素水平数是 $F_7=21$,第 2 次实验后的因素水平数是 $F_6=13$。第 3 次实验后的因素水平数是 $F_5=8$,第 4 次实验由于两个实验点的线宽结果相同,把两个实验点的前后两部分同时去掉,只保留了两个实验点中间的部分,实验后的因

素水平数是 $F_3=3$。

对一般情况,如果最初的因素水平数是某个斐波那契数 F_n,那么每次实验后剩余的实验次数减小为前一个或前两个(如果只保留两个实验点中间的部分)斐波那契数,这样最多只需要做 n 次实验就可以找到最优实验值。

这个实验的实验指标是单调函数,实际上也可以使用对分法安排实验,并且对分法的实验效率要高于分数法和 0.618 法,但是对分法只能用于实验指标为单调函数的情况,对单峰函数则不能使用。而分数法和 0.618 法不仅适用于单峰函数的情况,像本例实验指标为单调函数时,可以通过构造适当的单峰目标函数而得以使用,因此分数法和 0.618 法是比对分法应用范围更广泛的方法。

3.6　分批实验法

分批实验法在实际使用时有多种不同的方式,这里以前面例 3.4 中的分数法为例介绍一种简单的方法。由于每次曝光后还需要经过显影等后续的工序才能得到实验结果,所以每次实验都需要一段比较长的时间。但是对这些后续工作,多个实验是可以同时进行的,可以采用分批实验方法。

按常规的斐波那契数法第一次只做两个实验,实验点是 13 和 21,如果 13 是好点,那么下一次的两个实验点是 8 和 13;如果 21 是好点,那么下一次的两个实验点是 21 和 26。这样无论第一次实验的结果如何,第二次的 4 个可能的实验点只有 8,13,21,26 这 4 个点,其中 13 和 21 是第一次实验的两个实验点。为了节省实验时间,可以把这两次实验合二为一,同时在 8,13,21,26 这 4 个点做实验。这实际上只是比正常情况多做了实验点为 8 的一个实验。多做了 1/3 的实验而使实验时间减少一半。

由实验结果可以看到下一次的实验范围是在 21 到 34 之间。仿照以上的方法可以每次安排 4 个实验,具体是 24,29,26,31 这 4 个实验点,比正常的实验多做了实验点为 31 的一个实验。仍然多做了 1/3 的实验而使实验时间减少一半。

以上的分批实验方法同样可以应用到等分法和 0.618 法,可以在只增加 1/3 的实验次数时而把实验周期减少一半。针对不同的实际问题还可以采用其他的灵活方法设计分批实验。

思考与练习

思考题

3.1　均分法有哪些优点？有哪些不足？

3.2　对分法适用于什么场合？

3.3　对 3.4 节的查找水管漏水位置的实例谈谈自己的观点,看看存在什么问题？有哪些需要改进的地方？

3.4　谈谈黄金分割法和分数法的异同。

3.5　简述分批实验法的作用和方法。

练习题

3.1　在一定范围内钢的强度 y(MPa)是碳含量 x(％)的单调增加函数,下表给出了碳含量 x 取值在 $[0.01, 0.50]$ 范围内钢的强度数值。数据是有一定误差的,所以并不是严格的递增数列。现在假设我们事先并不知道这些实验结果,每个数值都只能通过实验获得,希望用实验设计方法找到使钢的强度达到 500 以上的最低碳含量值。

x	y	x	y	x	y	x	y	x	y
0.01	277	0.11	410	0.21	583	0.31	708	0.41	802
0.02	307	0.12	420	0.22	577	0.32	722	0.42	826
0.03	315	0.13	434	0.23	566	0.33	706	0.43	828
0.04	314	0.14	469	0.24	605	0.34	712	0.44	844
0.05	355	0.15	468	0.25	592	0.35	721	0.45	849
0.06	356	0.16	490	0.26	646	0.36	731	0.46	884
0.07	385	0.17	515	0.27	639	0.37	784	0.47	900
0.08	387	0.18	499	0.28	637	0.38	800	0.48	891
0.09	381	0.19	520	0.29	657	0.39	805	0.49	912
0.10	399	0.20	545	0.30	699	0.40	809	0.50	925

（1）用对分法安排实验。

（2）通过构造适当的目标函数,用分数法安排实验。

（3）比较两种方法的实验条件和效率。

3.2　一段电缆内有 15 个接点,某接点发生了故障,为了找到故障点,至多需要检查接点的个数为多少个？

3.3 有 243 个形状完全相同的小球，其中一个稍轻，其余的都一样重，要求用天平来称量但是不允许用砝码，则至多需要称量多少次就能够找出稍轻的球？

3.4 结合自己的工作和学习，找出一个单因素优化设计问题，给出适当的实验设计并给予实施。

第4章

多因素优化实验设计

多因素实验设计在实验设计方法中占主导地位,具有丰富的内容。本章首先介绍有关多因素实验设计的基本内容,然后介绍几种简单的多因素实验设计方法,使读者对多因素实验设计有较全面的了解。几种主要的多因素实验设计方法则放在随后的几章中详细介绍。

4.1　多因素优化实验概述

在生产过程中影响实验指标的因素通常是很多的,首先需要从众多的影响因素中挑选出少数几个主要的影响因素,实现这个目标的途径有两个:第一是依靠专业知识,由专家决定因素的取舍;第二是做筛选实验,从众多的可能影响因素中找到几个真正的影响因素。筛选实验的内容在本书的第 5 章中有详细介绍。

4.1.1　多因素优化实验设计的广泛应用

目前,多因素优化实验设计在很多领域都有广泛应用,取得了巨大的效益。日本推广田口方法(即正交设计)的前 10 年中,也就是 20 世纪 60 年代,应用正交表超过 100 万次,对于日本的工业发展起到了巨大的推进作用。实验设计技术已成为日本工程技术人员和企业管理人员必须掌握的技术,是工程师的共同语言。日本的数百家大公司每年运用正交设计完成数万个项目。丰田汽车公司对田口方法的评价是:在为公司产品质量改进作出贡献的各种方法中,田口方法的贡献占 50%。

从 20 世纪 20 年代以来,欧美等工业发达国家也积极推广使用实验设计方法,遗憾的是,他们所使用的实验设计方法仅局限于数学方法深奥的析因设计。从 20 世纪 80 年代开始,田口方法引入美国,首先在福特汽车公司获得成功应用,该公司每年都有上百个典型的田口方法应用的成功案例。目前,美国的三大汽车公司、国际电报电话公司、柯达、杜邦、波音、IBM 等上千家大公司都在大力使用田口方法和各种实验设计技术。可以说实验设计技术是过去 50 年日本工业快速增长的决定性因素,也是今后国际间工业竞争的重要因素。

我国在 20 世纪六七十年代曾大力推广以优选法为主的实验设计技术,也取得了很多成果。但是由于十年动乱的影响,这些推广工作多半仅流于形式。从 1979 年伴随着我国推广全面质量管理以来,以正交设计为主的各种实验设计方法也在我国广泛推广使用,取得了大量的成果。据粗略估计,仅正交设计的应用成果就在 10 万项以上。1978 年,我国数学家王元和统计学家方开泰发明了均匀设计方法,从 20 世纪 90 年代开始均匀设计在我国得到广泛应用,为实验设计的理论发展和实际应用都增添了丰富的内容。从整体看,我国实验设计的应用成果是可喜的,但是与应该达到的规模相比还有相当大的差距。我国的多数工程技术人员还没有掌握实验设计技术。

4.1.2　选择实验因素的原则

1　实验因素的数目要适中

(1)实验因素不宜选得太多。如果实验因素选得太多(例如超过 10 个),这样不仅需要做较多的实验,而且会造成主次不分,丢了西瓜,拣了芝麻。如果仅从专业知识不能确定少数几个影响因素,就要借助筛选实验来完成这项工作。

(2)实验因素也不宜选得太少。若实验因素选得太少(例如只选定一二个因素),可能会遗漏重要的因素,使实验的结果达不到预期的目的。第 3 章所讲的单因素优化实验设计虽然也是非常有效的方法,但是其适用的场合是有限的,有时是通过多因素实验确定出一个最主要的影响因素后,再用单因素实验设计方法优选这个因素的水平。

在多因素实验设计中,有时增加实验的因素并不需要增加实验次数,这时要尽可能多安排实验因素。某项实验方案中原计划只有三个因素,而利用实验设计的方法,可以在不增加实验次数的前提下,再增加一个因素,既然不费事何乐而不为呢?实验结果发现最后添加的这个因素是最重要的,从而发现了历史上最好的工艺条件,正是"有心栽花花不开,无意插柳柳成荫。"

2 实验因素的水平范围应该尽可能大

(1)实验因素的水平范围应当尽可能大一些。如果实验在实验室中进行,实验范围尽可能大的要求比较容易实现;如果实验直接在现场进行,则实验范围不宜太大,以防产生过多次品,或发生危险。实验范围太小的缺点是不易获得比已有条件有显著改善的结果,并且也会把对实验指标有显著影响的因素误认为没有显著影响。历史上有些重大的发明和发现,是由于"事故"而获得的,在这些事故中,实验因素的水平范围大大不同于已有经验的范围。

(2)因素的水平数要尽量多一些。如果实验范围允许大一些,则每一个因素的水平数要尽量多一些。水平数取得多会增加实验次数,如果实验因素和指标都是可以计量的,就可以使用第 6 章介绍的均匀设计方法。用均匀设计安排实验,其实验次数就是因素的水平数,或者是水平数的 2 倍,最适合安排水平数较多的实验。

为了片面追求水平数多而使水平的间隔过小也是不可取的。水平的间隔大小和生产控制精度与量测精度是密切相关的。例如一项生产中对温度因素的控制只能做到 ± 3 ℃,当我们设定温度控制在 85 ℃时,实际生产过程中温度将会在 85 ℃ ± 3 ℃,即 82 ℃～88 ℃的范围内波动。假设根据专业知识温度的实验范围应该在 60 ℃到 90 ℃之间,如果为了追求尽量多的水平而设定温度取 7 个水平,分别为 $60,65,70,75,80,85$ 和 90 ℃,就太接近了,应当少设几个水平而加大间隔。例如只取 $61,68,75,82$ 和 89 ℃这 5 个水平。如果温度控制的精度可达 ± 1 ℃,则按照前面的方法设定 7 个水平就是合理的。

3 实验指标要计量

在实验设计中实验指标要使用计量的测度,不要使用合格或不合格这样的属性测度,更不要把计量的测度转化为不合格品率,这样会丧失数据中的有用信息,甚至对实验产生误导,以下用一个例子说明这个问题。

例 4.1 在集成电路制造中有一个要印出一定线宽的微影技术过程,微晶粒线宽在 $2.75~\mu m$～$3.25~\mu m$ 之间是合格品。影响微晶粒线宽的两个主要因素是曝光时间(记为 A)和显影时间(记为 B),两个因素的起始水平分别记为 A_1 和 B_1。由实验得到在起始水平下微晶粒线宽的不合格品率是 60%,当曝光时间 A 单独调整到高水平 A_2 时不合格品率降低到 25%;当显影时间 B 单独调整到高水平 B_2 时不合格品率也降低到 25%;因此我们期望:如果两个因素 A 和 B 同时调整到高水平时不合格品率会低于 25%,但是实际情况是不合格品率反而增加到 70% 。问题出在了什么地方？是否说明 A 和 B 两个因素之间存在负交互作用？

现在直接把微晶粒的线宽作为实验的指标,考察两个因素在 4 种水平搭配下线宽的实际分布状况,如图 4.1 所示。从图看出,当 A,B 两因素分别增加时线宽是增加的,当 A,B 两因素同时增加时线宽仍然是增加的,只是增加的幅度过大,超过了公差上限,造成不合格品率的增加。

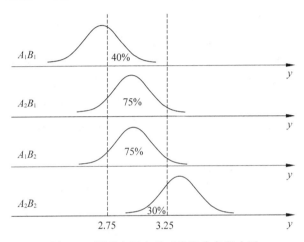

图 4.1   因素水平变动对线宽分布影响图

在这个例子中,不合格品分为没有达到线宽(低于 $2.75\ \mu m$)和超过线宽(高于 $3.25\ \mu m$)两种情况,这是两种不同性质的不合格,把它们合并成一类就会产生虚假的信息,误认为 A 和 B 两个因素之间存在负交互作用。如果能够把没有达到线宽和超过线宽这两种不合格分开统计,这对实验结果也是有利的。所以在实验设计中首先要尽量使用数量的测度指标,如果只能使用不合格品率做实验指标时,要尽量把不合格的类型分得详细。例如显示器有色彩不正、模糊、有亮斑以及闪动等多种缺陷,不要只统计出一个总的不合格品率,而要分别统计出来,这样有利于正确地分析实验结果。

使用不合格品率做实验指标的另外一个缺陷是对每一个处理需要大量的重复实验,以获得不合格品率的数据,这就必然费时费力,在很多场合是不可行的。

4.2　因素轮换法

因素轮换法也称为单因素轮换法,是解决多因素实验问题的一种非全面实验方法,是在实际工作中被工程技术人员所普遍采用的一种方法。这种方法的想法是:每次实验中只变化一个因素的水平,其他因素的水平保持固定不变,希望逐一地把每个因素对实验指标的影响摸清,分别找到每个因素的最优水平,最终找到全部因素的最优实验方案。

实际上这个想法是有缺陷的,它只适合于因素间没有交互作用的情况。当因素间存在交互作用时,每次变动一个因素的做法不能反应因素间交互作用的效果,实验的结果受起始点影响。如果起始点选得不好,就可能得不到好的实验结果,对这样的实验数据也难以做深入的统计分析,是一种低效的实验设计方法。

尽管因素轮换法有以上缺陷,但是由于其方法简单,并且也具有以下一些优点,因此目前仍然被实验人员广泛使用。

(1) 从实验次数看因素轮换法是可取的,其总实验次数最多是各因素水平数之和。例如 5 个 3 水平的因素用因素轮换法做实验,其最多的实验次数是 15 次。而全面实验的次数是 $3^5 = 243$ 次。如果因素水平数较多,可以用第 3 章中介绍的单因素优化设计方法寻找该因素的最优实验条件。

(2) 在实验指标不能量化时也可以使用。例如比较饮料的味觉,只需要在每两次相邻实验的饮料中选出一种更可口的。

(3) 属于爬山实验法,每次定出一个因素的最优水平后就会使实验指标更提高一步,离最优实验目标(山顶)更接近一步。

(4) 因素水平数可以不同。

假设有 A, B, C 三个因素,水平数分别为 $3, 3, 4$,选择 A, B 两因素的 2 水平为起点,因素轮换法可以由图 4.2 表示。首先把 A, B 两因素固定在 2 水平,分别与 C 因素的 4 个水平搭配做实验,如果 C 因素取 2 水平时实验效果最好,就把 C 因素固定在 2 水平,如图 4.2(a)所示。

然后再把 A, C 两因素固定在 2 水平,分别与 B 因素的 3 个水平搭配做实验(其中 B 因素的 2 水平实验已经做过,可以省略),如果 B 因素取 3 水平时实验效果最好,就把 B 因素固定在 3 水平,如图 4.2(b)所示。

最后再把 B, C 两因素分别固定在 3 水平和 2 水平,分别与 A 因素的 3 个水平搭配做实验(其中 A 因素的 2 水平实验已经做过),如果 A 因素取 1 水平时实验效果最好,就得到最优实验条件是 $A_1 B_3 C_2$,如图 4.2(c)所示。

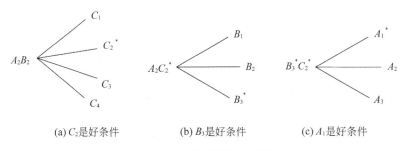

(a) C_2 是好条件   (b) B_3 是好条件   (c) A_1 是好条件

图 4.2   因素轮换法示意图

例 4.2   对某产品液压装置中单向阀的直径、长度、复位弹簧力进行优选,希望达到最好的开闭效果。根据结构要求和实际经验初步确定各因素的水平范围是:

单向阀直径(A):25 mm~40 mm

单向阀长度(B):30 mm~60 mm

复位弹簧力(C):0.5 N~5 N

使用因素轮换法寻找最优搭配,按下列步骤进行实验:

(1) 固定复位弹簧力为 1 N,单向阀长度为 40 mm,寻找单向阀直径的最优水平值,这相当于单因素优化问题。单向阀直径的取值范围是 25 mm~40 mm,理论上是取连续值的变量,实际上不妨认为只取整数值,这时可以用斐波那契数法求最优值。通过实验得单向阀直径最优值是 36 mm。

(2) 固定单向阀直径为 36 mm,复位弹簧力为 1 N,用斐波那契数法优选单向阀长度,同样认为单向阀长度只取整数值,得最优取值为 45 mm。

(3) 固定单向阀直径为 36 mm,单向阀长度为 45 mm,用斐波那契数法优选复位弹簧力,得最优值是 1.5 N。

得实验的最优组合是单向阀直径为 36 mm,单向阀长度为 45 mm,复位弹簧力为 1.5 N。

4.3 随 机 实 验

随机实验就是按照随机化的原则选择实验点或者实验因素水平。随机化是实验设计的一个基本原则,在第 1 章中已经作了介绍,它有以下几个方面的含义：

（1）实验单元随机化。这是随机化的基本含义，在比较实验中，对每个处理要求按随机化原则选取实验单元。当实验中包含区组因素时，每一个区组内的实验单元按照随机化的原则分配（即随机化区组设计）。

（2）实验顺序随机化。这是随机化的延伸含义，目的是消除非实验因素（操作人员、设备、时间等）对实验的影响。

（3）实验点随机选取。用于一些特殊情况，例如用气象气球收集气象数据，气球的位置不能完全人为确定，实验点是随机的。很多野外探测也都属于随机选取实验点。这种随机选取实验点的实验效率很低，在条件允许时应该采用均匀采点。

（4）实验因素水平随机选取，也称为随机布点。4.2 节讲的因素轮换法是一种选择因素水平的实验方法，后面几章介绍的正交设计、均匀设计、析因设计等都是合理选择实验因素水平的方法，但是在一些特殊情况下这些人为精心设计的实验条件难以实现，就可以采用随机实验法。一种情况是实验水平只能观测，而不能严格控制，见例 4.3；另一种情况是实验水平间有约束关系，参见第 6.5 节有约束的配方设计。

随机实验有以下特点：

（1）不要求实验指标是量化的，对目标函数也没有限制。

（2）可以作为整体设计，预先制定好全部实验计划，在设备条件允许时可以做同时实验，节约实验时间；也可以事先不规定实验总次数，边做边看，直到得到满意的实验结果。

（3）因素水平数可以不同。

如果在全部可能的实验中好实验点的比例为 p，希望通过随机实验找到一个好实验点，那么在连续的 n 次实验中至少遇到一个好点的概率为：

$$P = 1 - (1-p)^n$$

对部分 n 和 p 的取值，计算出的概率值见表 4.1。从表中看到，当好实验点的比例 p 较小时，随机实验法的使用效率很差。例如在好实验点的比例为 $p = 0.01 = 1\%$ 时，做 50 次实验遇到一个好点的概率仅为 40%。当好试验点的比例 p 较大时，随机实验法的使用效率较高。例如在实验的好点比例为 $p = 0.1 = 10\%$ 时，做 30 次随机实验至少遇到一个好点的概率是 95.8%。

如果实验的好点比例为 $p = 10\%$ 时，平均来说做 10 次实验就能遇到一个好点，我们自然希望仅做 10 次实验就能遇到一个好点。这就需要实验能够均匀地分布在实验范围内，可以用图 4.3 所示表示。

表 4.1　连续 n 次试验中至少包含一个好点的概率

试验次数 n	实验的好点比例 p			
	0.01	0.05	0.1	0.2
10	0.096	0.401	0.651	0.893
20	0.182	0.642	0.878	0.988
30	0.260	0.785	0.958	0.999
40	0.331	0.871	0.985	1.000
50	0.395	0.923	0.995	1.000

图 4.3　均匀实验设计实验点的分布

在示意图 4.3 中,把全部实验点按实验指标从差到好划分为 10 个部分,最右边的一部分是 10% 的好点。按照均匀性设计的 10 次实验,恰好每一段中包含一个实验点,这样就能保证 10 次实验中必然有一个好实验点。

随机实验几种可能的实验结果如图 4.4 所示,图(a)恰有一个好实验点,图(b)有多个好实验点,而图(c)没有好实验点。平均来说做 10 次实验也能遇到一个好点,但是有时 10 次实验中包含不止一个好点,有时却没有好点。

(a) 恰有一个好实验点

(b) 有多个好实验点

(c) 没有好实验点

图 4.4　随机实验实验点的分布

由此可见,按照均匀性安排的实验比单纯的随机化实验的效率更高。随机化是实验设计的一个原则,对这个原则不能机械地照搬。随机化的原则是为了保证所做的部分实验具有代表性,均匀性是把随机化和区组原则相结合,能够更好地保证实验点的代表性。从拉丁方的思想发展出来的析因设计、正交设计、均匀设计等实验设计方法,都是建立在均匀性这个基础之上的。

随机化实验的优点是适用范围广,缺点是使用效率低,主要用于实验的条件很复杂,难以使用其他的实验设计方法的情况。如果实验指标和因素水平都是量化的,可以对实验结果建立回归模型,利用回归模型推断最优实验条件,这样就可以很大地提高实验效率。第 6 章中结合有约束条件的配方设计介绍随机化实验的具体应用。

例 4.3　机械加工中刀具的耐用性主要由刀具承受的车削力决定,对同样的钢材和车削速度,车削力 y 主要受车削深度 x_1、进给量 x_2 的影响,有如下关系:

$$y = B_0 x_1^{B_1} x_2^{B_2} \tag{4.1}$$

其中 B_0, B_1, B_2 是未知参数,需要由实验确定。

这个实验中,车削力 y 和 2 个影响因素的实际数值都可以通过仪器在线测定,但是进给量 x_2 的实际数值难以完全人为控制,因此采用随机实验法。

对(4.1)式两边取对数做线性化,得线性回归方程

$$\ln y = \ln B_0 + B_1 \ln x_1 + B_2 \ln x_2$$

车削的钢材分为调质前(热轧态)和调质后两种,调质后钢材的硬度增加,车削力变大,为此再引入一个属性变量 x_3 表示调质状态,$x_3 = 0$ 表示调质前,$x_3 = 1$ 表示调质后。这时回归方程为

$$\ln y = \ln B_0 + B_1 \ln x_1 + B_2 \ln x_2 + B_3 x_3$$

实验数据与取对数后的数据见表 4.2。用 Excel 软件做回归分析,分别点选"工具→数据分析→回归"进入回归分析对话框,按图 4.5 填入相应的选项,单击"确定"得回归分析的输出结果,见表 4.3。

从表 4.3 看到,回归的决定系数 $R^2 = 0.9756$,回归效果很好。回归方程的显著性 P 值(Sig F)$= 7.05 \times 10^{-18}$,也说明回归方程高度显著。属性变量 x_3 的回归系数为 0.2023,显著性 P 值 $= 7.4 \times 10^{-5}$,说明 x_3 高度显著,表示钢材调质前后对车削力有显著影响,回归方程为

$$\ln y = 7.3946 + 0.8963 \ln x_1 + 0.7280 \ln x_2 + 0.2023 x_3$$

把回归方程还原为原始状态的形式,得

$$y = 1627 x_1^{0.8963} x_2^{0.7280} e^{0.2023 x_3} \tag{4.2}$$

表 4.2　实验数据与取对数后的数据

	A	B	C	D	E	F	G
	x_1	x_2	y	$\ln(x_1)$	$\ln(x_2)$	x_3	$\ln y$
1							
2	3.00	0.30	1 695	1.098 6	-1.204 0	0	7.435 4
3	2.00	0.20	1 167	0.693 1	-1.609 4	0	7.062 2
4	2.00	0.34	1 342	0.693 1	-1.078 8	0	7.201 9
5	2.00	0.57	2 209	0.693 1	-0.562 1	0	7.700 3
6	0.50	0.26	349	-0.693 1	-1.347 1	0	5.855 1
7	1.25	0.07	236	0.223 1	-2.659 3	0	5.463 8
8	1.25	0.11	375	0.223 1	-2.207 3	0	5.926 9
9	1.25	0.15	497	0.223 1	-1.897 1	0	6.208 6
10	1.25	0.22	637	0.223 1	-1.514 1	0	6.456 8
11	1.25	0.30	712	0.223 1	-1.204 0	0	6.568 1
12	1.25	0.39	1 083	0.223 1	-0.941 6	0	6.987 5
13	1.25	0.43	1 143	0.223 1	-0.844 0	0	7.041 4
14	2.00	0.30	1 566	0.693 1	-1.204 0	1	7.356 3
15	1.50	0.30	1 265	0.405 5	-1.204 0	1	7.142 8
16	2.00	0.15	906	0.693 1	-1.897 1	1	6.809 0
17	2.00	0.20	1 436	0.693 1	-1.609 4	1	7.269 6
18	2.00	0.34	1 685	0.693 1	-1.078 8	1	7.429 5
19	2.00	0.47	2 000	0.693 1	-0.755 0	1	7.600 9
20	2.00	0.57	2 277	0.693 1	-0.562 1	1	7.730 6
21	2.25	0.26	1 491	0.810 9	-1.347 1	1	7.307 2
22	0.50	0.26	417	-0.693 1	-1.347 1	1	6.033 1
23	1.25	0.07	379	0.223 1	-2.659 3	1	5.937 5
24	1.25	0.11	502	0.223 1	-2.207 3	1	6.218 6
25	1.25	0.22	767	0.223 1	-1.514 1	1	6.642 5
26	1.25	0.30	978	0.223 1	-1.204 0	1	6.885 5
27	1.25	0.34	929	0.223 1	-1.078 8	1	6.834 1

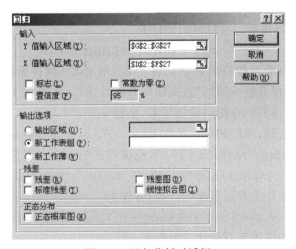

图 4.5　回归分析对话框

表 4.3　回归分析输出结果

回归统计	
Multiple R	0.987 7
R Square	0.975 6
Adj R Square	0.972 2
标准误差	0.105 4
观测值	26

方差分析

	df	SS	MS	F	Sig F
回归分析	3	9.763 8	3.254 6	293.0	7.05E-18
残差	22	0.244 4	0.011 1		
总计	25	10.008 2			

	系数	标准误差	t Stat	P-value
Intercept	7.394 6	0.067 84	109.008	1.4E-31
$\ln x_1$	0.896 3	0.053 03	16.902	4.3E-14
$\ln x_1$	0.728	0.038 01	19.155	3.3E-15
x_3	0.202 3	0.041 66	4.857	7.4E-05

$x_3 = 0$ 表示调质前,这时回归方程为

$$y = 1\ 627 x_1^{0.896\ 3} x_2^{0.728\ 0} \tag{4.3}$$

$x_3 = 1$ 表示调质后,这时回归方程为

$$y = 1\ 992 x_1^{0.896\ 3} x_2^{0.728\ 0} \tag{4.4}$$

用(4.2)式一个表达式把调质前后两个回归模型统一表示出来,有利于统一分析各因素的影响。这个问题当然可以对调质前(热轧态)和调质后两种情况分别建立回归模型,这个工作留给读者作为练习。

4.4　拉　丁　方

18 世纪的欧洲,腓特烈大王即普鲁士弗里德里希·威廉二世(1712—1786)要举行一次与往常不同的 6 列方阵阅兵式,他要求每个方阵的行和列都要由 6 种部队的 6 种军官组成,不得有重复和空缺。这样,在每个 6 列方阵中,部队、军官在行和列全部排列均衡。群臣们冥思苦想也没能排出这种方阵。后来向当时著名的数学家欧拉(1707—1783)请教,引起了数学家们的极大兴趣。由此数学家们发现了一种具有普遍意义的新的数学思想,即均衡分布的思想,由此导致各种拉丁方(Latin square)问世。这也是析因设计、正交

设计和均匀设计等最新实验设计的思想。

4.4.1　拉丁方的构造

▶定义 4.1　拉丁方是用字母或数字排列的具有一定性质的方阵,每一个字母在每行和每列中恰好出现一次。方阵的行数或列数称为拉丁方的阶数。

最简单的拉丁方是 2 阶拉丁方,图 4.6(a)～(d)是用不同字母和数字表示的 2 阶拉丁方,这 4 个拉丁方只是表示的符号不同,其性质是完全相同的。拉丁方用不同的符号表示是为了把两个同阶拉丁方组合在一起,构成希腊拉丁方。

$$
\begin{array}{llll}
\text{A B} & \text{a b} & \alpha\ \beta & \text{1 2} \\
\text{B A} & \text{b a} & \beta\ \alpha & \text{2 1} \\
\text{(a)} & \text{(b)} & \text{(c)} & \text{(d)}
\end{array}
$$

图 4.6　2 阶拉丁方

图 4.7(a)和图 4.7(b)所示的是两个 3 阶拉丁方,其中图 4.7(a)是标准拉丁方,标准拉丁方的第 1 行和第 1 列都是按照字母(或数字)的顺序排列的。图 4.7(b)的拉丁方是由图 4.7(a)的标准拉丁方的第 1 和第 2 列互换生成的。

$$
\begin{array}{ll}
\text{A B C} & \text{B A C} \\
\text{B C A} & \text{C B A} \\
\text{C A B} & \text{A C B} \\
\text{(a)} & \text{(b)}
\end{array}
$$

图 4.7　3 阶拉丁方

对于阶数大于 3 的拉丁方,标准拉丁方也不是惟一的。图 4.8(a)和图 4.8(b)所示的是两个 5 阶标准拉丁方,图 4.8(c)的拉丁方是由图 4.8(a)的标准拉丁方的第 1 和第 2 行互换后再把第 1 和第 2 列互换生成的。

$$
\begin{array}{lll}
\text{A B C D E} & \text{A B C D E} & \text{C B D E A} \\
\text{B C D E A} & \text{B A E C D} & \text{B A C D E} \\
\text{C D E A B} & \text{C D A E B} & \text{D C E A B} \\
\text{D E A B C} & \text{D E B A C} & \text{E D A B C} \\
\text{E A B C D} & \text{E C D B A} & \text{A E B C D} \\
\text{(a)} & \text{(b)} & \text{(c)}
\end{array}
$$

图 4.8　5 阶拉丁方

4.4.2　拉丁方设计

拉丁方设计用于安排只有一个处理因素和两个区组因素时的水平比较。拉丁方设计是析因设计、正交设计、均匀设计等实验设计的起源,这些现代的实验设计方法都是拉丁方设计的发展。以下简要介绍拉丁方设计,作为进一步学习以后几章内容的基础。而拉丁方设计的应用已经完全被正交设计所替代,在第 5 章将介绍用正交表安排拉丁方设计的方法,在此仅简要介绍用拉丁方安排实验的方法,对实验结果的统计分析则留到第 5.5 节结合正交设计进行介绍。

例 4.4　某工程师考察四种催化剂(处理因素 A)的效果,同时反应温度(区组因素 B)和原材料的批次(区组因素 C)也是影响实验的因素,也都取 4 个水平。如果这个实验中只有一个区组因素 B,则可以用 2.2 节的随机区组设计安排实验,属于双因素方差分析方法。现在的问题中又多了一个区组因素 C,就要用拉丁方设计安排实验了。

这个问题中处理因素 A 与两个区组因素都各取 4 个水平,如果作全面搭配,需要 $4^3 = 64$ 次实验。现在采用拉丁方设计,可以只作 16 次实验。虽然不是全面实验,但是可以保证这 16 个实验点能够有效地代表全部的 64 个全面实验点。具体的实验安排见表 4.4。

表 4.4　4 阶拉丁方设计

区组因素 B	区组因素 C			
	1	**2**	**3**	**4**
1	b	a	c	d
2	d	c	a	b
3	c	d	b	a
4	a	b	d	c

在上面的 4 阶拉丁方设计中,两个区组因素 B 和 C 做的是全面搭配,每个搭配下做一次实验,共做 16 次实验。这 16 个实验正是按照拉丁方设计的,表中的字母部分只要放置任意的一个 4 阶拉丁方阵。其中 a,b,c,d 四个字母代表处理因素 A 的 4 个水平,例如在区组因素 B 的 1 水平和 C 的 1 水平交叉位置上的字母 b 表示安排处理因素 A 的 2 水平;在区组因素 B 的 2 水平和 C 的 3 水平交叉位置上的字母 a 表示安排处理因素 A 的 1 水平。以此类推。

以上的 4 阶拉丁方设计表可以表示成表 4.5 的表格形式,其中的数字表示因素的水平,这个形式更便于把拉丁方设计推广。因子设计、正交设计、均匀设计等现代实验设计方法都是采用的这种表格形式。从这种表格形式可以看出拉丁方设计所具有的一个重要性质——正交性。

表 4.5　表格化的 4 阶拉丁方设计

实验号	区组因素 B	区组因素 C	处理因素 A
1	1	1	2
2	1	2	1
3	1	3	3
4	1	4	4
5	2	1	4
6	2	2	3
7	2	3	1
8	2	4	2
9	3	1	3
10	3	2	4
11	3	3	2
12	3	4	1
13	4	1	1
14	4	2	2
15	4	3	4
16	4	4	3

正交性可以保证每两个因素的水平在统计学上是不相关的。正交性具体表现在两个方面,分别是:

(1) 均匀分散性。表的每一列中不同数字出现的次数相等。

(2) 整齐可比性。表的任意两列所构成的有序数对出现的次数相等。

关于正交性在下一章正交设计中还会做详细介绍,这里需要读者了解的是,正交设计是在拉丁方设计的基础上发展起来的,拉丁方设计可以看作是正交设计的特例。

拉丁方设计也称为两向区组设计,也就是有一个处理因素和两个区组因素的实验设计,是平衡设计,每种搭配下都是做一次实验,因此也称做平衡双向区组设计。实际上从表 4.5 的表示形式看,区组因素和实验因素的位置是可以置换的,并不影响正交性。进一步说,用拉丁方设计可以不局限于安排一个处理因素和两个区组因素的实验设计,完全可以用来安排两个处理因素和一个区组因素,或者三个处理因素没有区组因素的实验设计。

　　根据区组因素的不同情况,拉丁方设计可以有多种变化的形式,例如实验中有一个实验因素和三个区组因素,在拉丁方设计中称为希腊拉丁方设计。从表 4.5 表格化的 4 阶拉丁方设计来看,只是要再找一列与前 3 列正交的列。另外还有一种尤登(Youden)方区组设计,是行数和列数不相等的"不完全"拉丁方区组设计,也就是缺少一行或几行的拉丁方设计。这种情况只需要看作是表 4.5 中缺少若干行的情况。这时实验不再具有正交性。

　　拉丁方设计还有多种变化的形式,在此不一一介绍了。这些变化都可以用正交设计和析因设计解决,会在第 5 章和第 9 章结合正交设计和析因设计做相应介绍。对拉丁方设计实验结果的分析也同时放在这两章的内容中介绍。

思考与练习

思考题

4.1　简述选择实验因素的原则。

4.2　说明为什么要优先使用能够计量的实验指标。

4.3　简述因素轮换法的实施方法。

4.4　因素轮换法有什么缺陷? 它具有哪些优点?

4.5　简述随机实验法的使用效率,主要用于什么场合?

4.6　说明拉丁方在实验设计中的应用。

练习题

4.1　用例 4.3 的数据,对调质前和调质后两种情况分别建立回归模型,回归模型仍为

$$y = B_0 x_1^{B_1} x_2^{B_2}$$

其中 B_0, B_1, B_2 是未知参数,y 是车削力,x_1 是车削深度,x_2 是进给量。

正 交 设 计

正交设计是多因素的优化实验设计方法,也称为正交试验设计。它是从全面实验的样本点中挑选出部分有代表性的样本点做实验,这些代表点具有正交性。其作用是只用较少的实验次数就可以找出因素水平间的最优搭配或由实验结果通过计算推断出最优搭配。

5.1 正交表与正交设计

在 20 世纪 40 年代后期,日本统计学家田口玄一博士(Dr. Genichi Taguchi)使用设计好的正交表安排实验,这种方法简便易行,从此正交设计在世界范围内普遍推广使用。

▶定义 5.1   正交试验设计就是使用正交表(orthogonal array)来安排实验的方法。

▶定义 5.2   正交表是按正交性排列好的用于安排多因素实验的表格。

5.1.1   正交表

为了正确使用正交表安排实验,首先对正交表有一个初步的了解。

1   正交表的构造

表 5.1 就是一张正交表,记做 $L_9(3^4)$。这张正交表的主体部分有 9 行 4 列,由 1,2,3 这 3 个数字构成。用这张表安排实验最多可以安排 4 个因素,每个因素取 3 个水平,需要做 9 次实验。

表 5.1　$L_9(3^4)$ 正交表

实验号	列　号			
	1	2	3	4
1	1	1	1	1
2	1	2	2	2
3	1	3	3	3
4	2	1	2	3
5	2	2	3	1
6	2	3	1	2
7	3	1	3	2
8	3	2	1	3
9	3	3	2	1

　　正交表的一般记法为 $L_n(a^p)$，其中 p 是表的列数，n 是表的行数，表中的数字都由 1 到 a 这 a 个整数构成。字母 L 表示正交表，实际上是引用了拉丁方的名称。

　　常见的正交表有 $L_4(2^3)$，$L_8(2^7)$，$L_{16}(2^{15})$，$L_{27}(3^{13})$，$L_{16}(4^5)$，$L_{25}(5^6)$ 以及混合水平 $L_{18}(2^1 \times 3^7)$ 等。

　　用正交表安排实验就是把实验的因素(包括区组因素)安排到正交表的列，允许有空白列，把因素水平安排到正交表的行。具体来说，正交表的列用来安排因素，正交表中的数字表示因素的水平，用 $L_n(a^p)$ 正交表最多可以安排 p 个水平数目为 a 的因素，需要做 n 次实验(含有 n 个处理)。

2　正交性

　　正交表的列之间具有正交性，正交性可以保证每两个因素的水平在统计学上是不相关的。正交性具体表现在两个方面，分别是：

　　(1) 均匀分散性。在正交表的每一列中，不同数字出现的次数相等。例如 $L_9(3^4)$ 正交表中，数字 1，2，3 在每列中各出现 3 次。

　　(2) 整齐可比性。对于正交表的任意两列，将同一行的两个数字看作有序数对，每种数对出现的次数是相等的，例如 $L_9(3^4)$ 表，有序数对共有 9 个，(1,1)，(1,2)，(1,3)，(2,1)，(2,2)，(2,3)，(3,1)，(3,2)，(3,3)，它们各出现一次。

　　常用的正交表在各种实验设计的书中都能找到，本书附录中列出了常用的正交表。

　　在得到一张正交表后，我们可以通过三个初等变换得到一系列与它等价的正交表：

（1）正交表的任意两列之间可以相互交换，这使得因素可以自由安排在正交表的各列上。

（2）正交表的任意两行之间可以相互交换，这使得实验的顺序可以自由选择。

（3）正交表的每一列中不同数字之间可以任意交换，称为水平置换。这使得因素的水平可以自由安排。

3   正交性的直观解释

前面讲过正交设计具有均匀分散性和整齐可比性两条性质，下面对这两条性质用图形作一个直观解释。以 $L_9(3^4)$ 正交表为例，9 个实验点在三维空间中的分布见图 5.1。图中正方体的全部 27 个交叉点代表全面实验的 27 个实验点，用正交表确定的 9 个实验点均匀散布在其中。具体来说，从任一方向将正方体分为 3 个平面，每个平面含有 9 个交叉点，其中都恰有 3 个是正交表安排的实验点。再将每一平面的中间位置各添加一条行线段和一条列线段，这样每个平面各有三条等间隔的行线段和列线段，则在每一行上恰有一个实验点，每一列上也恰有一个实验点。可见这 9 个实验点在三维空间的分布是均匀分散的。

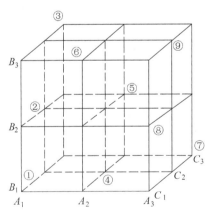

图 5.1   正交表 9 个实验点的分布

5.1.2   用正交表安排实验

用正交表安排实验首先看因素的水平，选取与因素水平相同的正交表，然后看因素的数目，因数的个数不能超过正交表的列数，允许有空白列。

1　正交试验的设计

例 5.1　某化工厂生产一种化工产品,采收率低并且不稳定,一般在60%～80%之间波动。现在希望通过实验设计,找出好的生产方案,提高采收率。

解　本例中的实验指标是采收率。根据专业技术人员的分析,影响采收率的 3 个主要因素是反应温度、加碱量、催化剂种类。每个因素分别取 3 个水平做实验,得因素与水平表见表 5.2。

表 5.2　因素与水平表

水　平	因　　素		
	A 反应温度/℃	B 加碱量/kg	C 催化剂种类
1	$A_1 = 80$	$B_1 = 35$	$C_1 = $甲种
2	$A_2 = 85$	$B_2 = 48$	$C_2 = $乙种
3	$A_3 = 90$	$B_3 = 55$	$C_3 = $丙种

对于以上这 3 个因素 3 个水平的实验,如要做全面实验,要做 $3^3 = 27$ 次实验。厂方希望能用少量的实验找出最优生产方案,而正交实验设计正是解决这种问题的常用方法。实验的设计见表 5.3。

表 5.3　用 $L_9(3^4)$ 正交表安排实验

列号	1	2	3	4
因素	A	B	C	空白列
实验号	反应温度/℃	加碱量/kg	催化剂种类	
1	1(80)	1(35)	1(甲)	1
2	1	2(48)	2(乙)	2
3	1	3(55)	3(丙)	3
4	2(85)	1	2	3
5	2	2	3	1
6	2	3	1	2
7	3(90)	1	3	2
8	3	2	1	3
9	3	3	2	1

在这个例子中,每个因素都是 3 个水平,所以选择 3 水平的正交表。实验因素只有 3 个,而 $L_9(3^4)$ 正交表有 4 列,完全可以安排下这个实验。

2　正交试验的实施

这里需要强调一个问题,做实验的顺序要依照随机化原则,可以采用抽签的方式确定。按随机化顺序做实验的目的是尽量避免实验因素外的其他因素对实验的影响,避免实验受区组因素的影响。例如操作人员、仪器设备、实验环境等因素的影响。假如实验员在实验过程中对这项实验逐渐熟悉,实验的效果越来越好,后面的实验采收率就有提高的趋势。如果不按随机化原则安排实验顺序,实验结果就会低估 A 因素的 1 水平(前 3 号实验),高估 A 因素的 3 水平(后 3 号实验)。这样操作人员就成为实验中不得不考虑的区组因素。依照随机化的顺序做实验就可以避免这些因素对实验结果的系统干扰,排除不必要的区组因素。

在实验中要尽量保持实验因素以外的其他因素固定,在不能避免的场合可以增加一个区组因素,也安排在正交表的一个列上。在分析实验数据时区组因素也作为一个因素处理,可以避免对实验结果的系统影响。比如实验由 3 个人进行,则可以把人也看成一个因素,3 个人便是 3 个水平,将其放在正交表的空白列上,那么该列的 1,2,3 水平对应的实验分别由第一、第二、第三个人去做,这样就避免了因人员变动所造成的系统误差。

通过以上用 $L_9(3^4)$ 正交表安排实验可以看到,全部的实验是同时设计好的,属于整体设计。

5.2　分析实验结果

对正交试验结果的分析有两种方法,一种是直观分析法,另外一种是方差分析法。

5.2.1　实验结果的直观分析

实验结果的直观分析方法是一种简便易行的方法,没有学过统计学的人也能够学会,这正是正交设计能够在生产一线推广使用的奥秘。

前面例子的实验结果列在了表 5.4 中,首先对实验结果做直观分析。

(1) 直接看的好条件。从表中的 9 次实验结果看出,第 8 号实验 $A_3B_2C_1$ 的采收率最高,为 85%。但第 8 号实验方案不一定是最优方案,还应该通过进一步的分析寻找出可能的更好方案。

表 5.4　实验结果直观分析表

实验号	因　素			实验结果 y
	A 反应温度/℃	B 加碱量/kg	C 催化剂种类	采收率/%
1	1(80)	1(35)	1(甲)	51
2	1	2(48)	2(乙)	71
3	1	3(55)	3(丙)	58
4	2(85)	1	2	82
5	2	2	3	69
6	2	3	1	59
7	3(90)	1	3	77
8	3	2	1	85
9	3	3	2	84
T_1	180	210	195	
T_2	210	225	237	
T_3	246	201	204	
$\overline{T}_1$	60	70	65	
$\overline{T}_2$	70	75	79	
$\overline{T}_3$	82	67	68	
R	22	8	14	

（2）算一算的好条件。表中 T_1，T_2 和 T_3 这三行数据分别是各因素同一水平结果之和。例如，T_1 行 A 因素列的数据 180 是 A 因素 3 个 1 水平实验值的和，而 A 因素 3 个 1 水平分别在第 1,2,3 号实验，所以

$$T_{1A} = y_1 + y_2 + y_3 = 51 + 71 + 58 = 180$$

注意到，在上述计算中，B 因素的 3 个水平各参加了一次计算，C 因素的 3 个水平也各参加了一次计算。

其他的求和数据计算方式与上述方式相似，例如 T_2 行 C 因素的求和数据 237 是 C 因素 3 个 2 水平实验值的和，而 C 因素 3 个 2 水平分别在第 2,4,9 号实验，所以

$$T_{2C} = y_2 + y_4 + y_9 = 71 + 82 + 84 = 237$$

同样，在上述计算中 A 因素的 3 个水平各参加了一次计算，B 因素的 3 个水平也各参加了一次计算。

然后对 T_1，T_2 和 T_3 这三行分别除以 3，得到三行新的数据 $\overline{T}_1$，$\overline{T}_2$，$\overline{T}_3$，表示各因素在每一水平下的平均采收率。例如，$\overline{T}_1$ 行 A 因素的数据 60，表示反应温度为 80 ℃时的平均采收率 = 60%。这时可以从理论上计算出最优方

案为 $A_3B_2C_2$,也就是用各因素平均采收率最高的水平组合的方案。

（3）分析极差,确定各因素的重要程度。表 5.4 中的最后一行 R 是极差,它是 $\overline{T}_1$,$\overline{T}_2$ 和 $\overline{T}_3$ 各列三个数据的极差,即最大数减去最小数,例如 A 因素的极差 $R_A=82-60=22$。从表中看到,A 因素的极差 $R_A=22$ 最大,表明 A 因素对采收率的影响程度最大。B 因素的极差 $R_B=8$ 最小,说明 B 因素对采收率影响程度不大。C 因素的极差 $R_C=14$ 大小居中,说明 C 因素对采收率有一定的影响,但是影响程度不大。

（4）画趋势图。进一步可以画出 A,B,C 三个因素对采收率影响的趋势图,见图 5.2。从图中看出,反应温度越高越好,因而有必要进一步试验反应温度是否应该再增高。加碱量应该适中,取加碱量 $B_2=48$ kg 是合适的。因素 C 表示催化剂的种类,图的趋势并没有实际意义,可以从图中看出乙种催化剂效果最好。

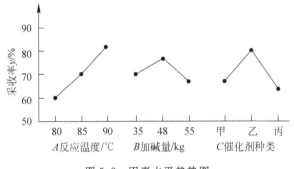

图 5.2　因素水平趋势图

（5）成本分析。前面的分析说明选取加碱量 $B_2=48$ kg 是合适的,但是由于加碱量对采收率影响不大,如果考虑生产成本的话,选 $B_1=35$ kg 可能会更好。因为 B_1 虽然平均采收率低 5％,但少投入 13 kg 碱。这就需要进一步进行经济核算,少投入 13 kg 碱和减少 5％的采收率相比哪一样更有利。

（6）综合分析与撒细网。前面的分析表明,$A_3B_2C_2$ 是理论上的最优方案,还可以考虑把反应温度 A 的水平进一步提高,加碱量 B 适当减少。这需要安排进一步的补充实验,可以在 $A_3B_2C_2$ 附近安排一轮 2 水平小批量的实验,其中催化剂固定为乙种,因素 A 再取一个比 90 ℃更高的水平,因素 B 再取一个比 48 kg 略低的水平做实验,称为撒细网。如果实验者对现有的实验结果已经满意,也可以不做撒细网实验。

（7）验证实验。不论是否做进一步的撒细网实验,都需要对理论最优方案做验证实验。需要注意的是,最优搭配 $A_3B_2C_2$ 或者 $A_3B_1C_2$ 只是理论上的最优方案,还需要用实际的实验做验证。对这两个方案各做两次验证实验,实验所得 $A_3B_2C_2$ 的两次采收率分别为 87%,88%。实验 $A_3B_1C_2$ 的两次采收率分别为 87%,85%。两者相差很小,从节约成本角度看最优搭配 $A_3B_1C_2$ 是可行的。

5.2.2   实验结果的方差分析

在前面的直观分析中,通过极差的大小来评价各因素对实验指标影响的程度,其中极差的大小并没有一个客观的评价标准,为了解决这一问题,需要对数据进行方差分析。正交设计是多因素实验设计,一般包含 3 个以上的因素,其方差分析方法是双因素实验设计方差分析的推广,仍然是通过离差平方和分解,构造 F 统计量,生成方差分析表,对因素效应和交互效应的显著性作检验。

1   计算离差平方和

(1)总离差平方和

$$SST = \sum_{i=1}^{n}(y_i - \bar{y})^2 \tag{5.1}$$

其中 n 是正交表的行数,正交表的每行确定一个实验处理,每个处理得到一个实验数据,共有 n 个实验数据,记为 $y_1, y_2, \cdots, y_n$,本例 $n = 9$。$\bar{y}$ 是 n 个实验数据的平均值。

(2)因素的离差平方和。因素 A 的离差平方和为

$$SSA = \sum_{i=1}^{a} n_i(\bar{T}_i - \bar{y})^2 \tag{5.2}$$

其中 $a = 3$ 是 A 因素的水平数,n_i 是在第 i 水平下所做实验的次数,也就是计算 $\bar{T}_i$ 时所用到的数据个数。本例 $n_i = n/a = 9/3 = 3$,A 因素在每一个水平下都是做了 3 次实验。$\bar{T}_i$ 是在前面的直观分析方法中计算出的 A 因素的每一水平下的实验平均值。

按照与上面相同的公式可以计算出 SSB 和 SSC,只是把 $\bar{T}_i$ 分别作为 B 因素和 C 因素每一水平下的实验平均值。

(3)误差平方和 SSE。有两种计算方法:

方法一:用空白列计算。本例实验因素安排在正交表的前 3 列,第 4 列是空白列。空白列上没有安排因素,但是在数据的方差分析中也有自己的作

用,实际上空白列恰好反映误差程度。对空白列也按照上面计算因素离差平方和的公式计算出相应的离差平方和,就是误差平方和 SSE。如果空白列不止 1 列,就分别计算出每个空白列的离差平方和,这些空白列的离差平方和之和就是误差平方和,空白列自由度之和就是误差平方和的自由度。

方法二:用公式

$$SSE = SST - SSA - SSB - SSC$$

计算误差平方和,这是一个通用的方法。不考虑交互作用的一般公式为:

误差平方和 = 总离差平方和 − 各因素离差平方和之和

多数正交表满足离差平方和分解式,即总离差平方和等于各列离差平方和之和,这时两种方法是相同的。有些正交表不满足离差平方和分解式,这时方法二仍然适用,而方法一不再适用。这时空白列离差平方和只是误差平方和的一部分,空白列离差平方和的自由度小于误差平方和的自由度,用空白列做误差就会减小误差平方和的自由度,从而降低方差分析的效率,使得一些对实验指标有显著影响的因素被误认为没有显著影响。

2 方差分析表

计算出各有关的离差平方和后,就可以进一步计算出下面的正交设计方差分析表,见表 5.5。

表 5.5 正交设计方差分析表

项 目	平方和 SS	自由度 DF	均方 MS	F 值
因素 A	SSA	$a-1$	$SSA/(a-1)$	MSA/MSE
因素 B	SSB	$a-1$	$SSB/(a-1)$	MSB/MSE
因素 C	SSC	$a-1$	$SSC/(a-1)$	MSC/MSE
误差(空白列)	SSE	$a-1$	$SSE/(n-1)$	
总和	SST	$n-1$		

直接用 SAS 软件计算,计算程序为:

```
DATA zhjiao1;
    INPUT A B C y;
    OUTPUT;
CARDS;
1 1 1 51
1 2 2 71
1 3 3 58
```

```
2 1 2 82
2 2 3 69
2 3 1 59
3 1 3 77
3 2 1 85
3 3 2 84
PROC ANOVA；
CLASS A B C；
MODEL y＝A B C；
MEANS A B C；
    RUN；
```

程序中 DATA zhjiao1 是数据块的名称，要求在 8 个字符以内。"PROC ANOVA；"是调用方差分析命令，"CLASS A B C；"语句指定 A, B, C 这三个变量为定类变量，"MODEL y＝A B C；"语句指明方差分析模型中的实验指标与因素，即因变量与自变量，"MEANS A B C；"语句是要求计算出因素各水平下的均值。SAS 程序的每句程序语句后都要加分号，但是数据块后不要加分号，否则软件有时会误把数据块的一行或几行作为程序语句处理，导致数据缺失。

SAS 软件的输出结果占用的篇幅较大，为了节约篇幅，本书对输出结果的格式都作了适当的调整，这里省略了各水平下的均值输出数据，方差分析表见表 5.6：

表 5.6　方差分析表（1）

Source	DF	SS	MS	F-value	P ＞F
Model	6	1 152	192	4.47	0.194 3
Error	2	86	43		
Corrected Total	8	1 238			
A	2	728	364	8.47	0.105 7
B	2	98	49	1.14	0.467 4
C	2	326	163	3.79	0.208 7

表中各项的含义和 2.2 节方差分析表的含义是一致的，第 1 列是离差平方和来源，包括因素 A, B, C，Error（误差），Corrected Total（总计），其中总计的离差平方和就是按照公式（5.1）计算的总离差平方和 SST，本书以后把"*Corrected Total*"简记为"*Cor Total*"。另外还包括一项 Model（模型），是全部因素和交互作用离差平方和之和。

第 2 列 DF 表示自由度,在正交设计中,各列的自由度是水平数减 1,本例每列水平数是 3,所以各列的自由度是 2。总自由度是实验次数减 1,本例是 $9-1=8$。模型的自由度 6 是 3 个因素自由度之和。

第 3 列 SS 是离差平方和,其中模型的离差平方和是 3 个因素离差平方和的总和,其余的离差平方和都是按前面介绍的公式计算的。

第 4 列 MS 是均方(mean square),就是离差平方和除以自由度。

第 5 列 F 值是统计量值。

第 6 列是显著性概率 P 值,当 P 值<0.05 时认为该因素对实验结果有显著影响,或者说该因素是影响实验指标的重要因素。

本例中 3 个因素的 P 值都大于 0.05,这时还不能急于断定 3 个因素都不显著,而是要剔除一个最不显著的因素。本例中 B 因素的 P 值$=0.467\ 4$ 最大,是最不显著的因素,剔除因素 B 后重新做方差分析。只需要把上面 SAS 程序中的"MODEL y＝A B C;"语句改为"MODEL y＝A C;",其他语句不变,得新的方差分析表 5.7。

表 5.7　方差分析表(2)

Source	DF	SS	MS	F-value	P ＞F
Model	4	1 054	263	5.73	0.059 7
Error	4	184	46		
Cor Total	8	1 238			
A	2	728	364	7.91	0.040 7
C	2	326	163	3.54	0.130

在新输出的方差分析表中,A 因素的 P 值$=0.040\ 7<0.05$,是显著的,说明 A 因素是影响实验结果的重要因素。C 因素的 P 值$=0.130$,有弱显著性,说明 C 因素是影响实验结果的次要因素。

比较两张方差分析表可以看到,剔除 B 因素后 A 因素和 C 因素的离差平方和都没有改变,这是由正交表的正交性决定的,是正交设计的一个优良性质。剔除 B 因素后 SSE 从 86 增加到 184,增加的数值 $184-86=98$ 恰好是原先 B 因素的离差平方和。实际上,剔除 B 因素后把 B 因素所在的第 2 列和空白列第 4 列都作为了误差项,这时 SSE 就是这两列的离差平方和相加,其自由度也是这两列自由度相加,即 $2+2=4$。

细心的读者会发现,剔除 B 因素前 $F_A=8.47$ 大于剔除 B 因素后的 $F_A=7.91$,但是剔除 B 因素后 A 因素的显著性却提高了,P 值从原先的 0.105 7

减小为 0.040 7,为什么 F 值减小而显著性反而增加呢? 这正是把 B 因素并入误差项的作用,它使得误差项的自由度增大,提高了检验的功效。

以上的分析结果与用极差的直观分析是一致的,但是具有了统计的科学依据。

3　计算问题

如果读者手头没有 SAS 软件,也可以用 SPSS,Minitab 等统计软件完成以上方差分析的计算工作。还可以借助 Excel 软件,通过简单的计算得到方差分析结果。以下对这个例子演示用 Excel 软件计算方差分析的过程,见表 5.8。

表 5.8　用 Excel 计算方差分析

	A	B	C	D	E	F
1	实验号	A	B	C	试验结果y	
2	1	1	1	1	51	
3	2	1	2	2	71	
4	3	1	3	3	58	
5	4	2	1	2	82	
6	5	2	2	3	69	
7	6	2	3	1	59	
8	7	3	1	3	77	
9	8	3	2	1	85	
10	9	3	3	2	84	
11	水平1	60	70	65		
12	水平2	70	75	79		
13	水平3	82	67	68		误差
14	SS	728	98	326	1 238	86
15	df	2	2	2	8	2
16	MS	364	49	163	154.75	43
17	F	8.465 116	1.139 534 9	3.790 698		
18	P值	0.105 651	0.467 391 3	0.208 738		

(1) 将数据输入到区域"A1：E10"。

(2) 在单元格"B11"输入公式"$=$ SUMIF(B\$2：B\$10,\$A2,\$E\$2：\$E\$10)/3",计算出 A 因素 1 水平的实验平均值 $\overline{T}_1 = 60$,然后将公式复制到区域"B11：D13"。

(3) 在单元格"B14"内输入公式"$= 3 *$ DEVSQ(B11：B13)",计算出 $SSA = 728$,然后将公式复制到区域"C14：D14"。在单元格"E14"内输入公式"$=$DEVSQ(E2：E10)",计算出 $SST = 1\ 238$。在单元格"F14"内输入公式"$=$ E14$-$SUM(B14：D14)",计算出 $SSE = 86$。

(4) 在区域"B15：E15"输入各项目的自由度。在单元格"F15"内输入公式"＝E15－SUM(B15：D15)"，计算出误差项的自由度等于2。

(5) 在单元格"B16"内输入公式"＝B14/B15"，计算出 $MSA=364$，然后将公式复制到区域"C16：F16"。

(6) 在单元格"B17"内输入公式"＝B16/\$F16"，计算出 $F_A=8.465\,116$，然后将公式复制到区域"C17：D17"。

(7) 在单元格 B18 内输入公式"＝FDIST(B17,B15,\$F15)"，计算出 A 因素的 P 值 $=0.105\,651$，然后将公式复制到区域"C18：D18"。

经过以上步骤就完成了方差分析的计算，把含有这个工作表的文件保存好，只需要做简单修改就可以用于其他的正交设计结果的方差分析。在本例中，如果要删除掉因素 B 重新做方差分析，则只需要简单地把含有 B 因素的第 C 列删除就可以了。

5.3 有交互作用的正交设计

在例 5.1 的正交设计问题中，假设因素之间没有交互作用。本节考虑因素间存在交互作用的正交设计问题。

5.3.1 表头设计

例 5.2 在降低柴油机耗油率(g/kW·h)的研究中，根据专业技术人员的分析，影响耗油率的 4 个主要因素和水平见表 5.9。

表 5.9 因素水平表

因素	名　　称	单位	1 水平	2 水平
A	喷嘴器的喷嘴形式	类型	I	II
B	喷油泵柱塞直径	mm	16	14
C	供油提前角度	(°)	30	33
D	配气相位	(°)	120	140

每个因素分别取两个水平做实验。并且认为因素 A 与 B 之间可能存在交互作用 $A\times B$，因素 A 与 C 之间可能存在交互作用 $A\times C$。现在希望通过实验设计，找出好的因素水平搭配，降低柴油机的耗油率。

解 本例中实验指标耗油率 y 是望小特性，实验指标数值越小越好。共有 4 个 2 水平因素,初步选用 $L_8(2^7)$ 正交表。

▶定义 5.3   安排有交互作用的正交设计不仅要把实验因素安排在正交表的列上,还要由正交表所附带的交互作用表查出交互作用所在的列,把各因素和所考察的交互作用都安排在正交表的列上,称为表头设计。

表 5.10 $L_8(2^7)$ 正交表的交互作用表

列号	1	2	3	4	5	6	7
1		3	2	5	4	7	6
2			1	6	7	4	5
3				7	6	5	4
4					1	2	3
5						3	2
6							1

首先安排含有交互作用的两个因素 A 和 B,分别安排在第 1 列和第 2 列上,由交互作用表看到,第 1 列和第 2 列的交互作用列体现在第 3 列,所以在第 3 列上面写上 $A \times B$,这一列不能再安排其他的实验因素和实验所考察的其他交互作用,称为避免混杂原则。然后按顺序把 C 因素安排在第 4 列,再由交互作用表看到第 1 列和第 4 列的交互作用列体现在第 5 列,所以在第 5 列上面写上 $A \times C$。最后 D 因素可以安排在第 6 列和第 7 列中的任意一列上,不妨就安排在第 6 列上,将第 7 列空置,这样就完成了表头设计,见表 5.11。

表 5.11   表 头 设 计

表头设计	A	B	$A \times B$	C	$A \times C$	D	
列 号	1	2	3	4	5	6	7

5.3.2   分析实验结果

有了表头设计,就可以进一步安排并实施实验了。需要强调的是,表头设计中的交互作用列只是在分析实验结果时起作用,而在做实验时并不需要用到。

1   实验结果的直观分析

表 5.12 中的上半部分是实验的安排与实验结果,下半部分列出了对实验

结果作直观分析的部分计算结果。

表 5.12　实验结果与直观分析表

实验号	A	B	A×B	C	A×C	D	空白	y
	1	2	3	4	5	6	7	
1	1	1	1	1	1	1	1	228.6
2	1	1	1	2	2	2	2	225.8
3	1	2	2	1	1	2	2	230.2
4	1	2	2	2	2	1	1	218.0
5	2	1	2	1	2	1	2	220.8
6	2	1	2	2	1	2	1	215.8
7	2	2	1	1	2	2	1	228.5
8	2	2	1	2	1	1	2	214.8
$\bar{T}_1 - 220$	5.65	2.75	4.425	7.025	2.35	0.55	2.725	
$\bar{T}_2 - 220$	−0.025	2.875	1.2	−1.4	3.275	5.075	2.9	
R	5.675	0.125	3.225	8.425	0.925	4.525	0.175	

　　直接看的好条件是第 8 号实验 $A_2B_2C_2D_1$，耗油率 $y=214.8$，其中 C 因素的极差 $R_C=8.425$ 为最大，表明供油提前角度 C 对耗油率 y 的影响最大；其次是 A 因素的极差 $R_A=5.675$ 为次大，表明喷嘴器的喷嘴形式 A 对耗油率 y 也有较大的影响；B 因素的极差 $R_B=0.125$ 很小，但是这并不能表明喷油泵柱塞直径 B 对耗油率没有影响，原因是第 3 列交互作用 $A \times B$ 的极差为 3.225 并不很小，喷油泵柱塞直径 B 与喷嘴器的喷嘴形式 A 之间可能存在交互作用。第 5 列交互作用 $A \times C$ 的极差为 0.925 也很小，这表明 C 与 A 之间不存在交互作用。

2　实验结果的方差分析

总离差平方和的计算公式仍为：

$$SST = \sum_{i=1}^{n}(y_i - \bar{y})^2$$

本例 $n=8$。各列离差平方和的计算公式仍为：

$$SSA = \sum_{i=1}^{a} n_i (T_i - \bar{y})^2$$

其中 $a = 2$ 是每列的水平数，$n_i = n/a = 8/2 = 4$，这时上面的公式简化为

$$SSA = \sum_{i=1}^{2} 4(\bar{T}_i - \bar{y})^2 = 2(\bar{T}_1 - \bar{T}_2)^2$$

用 SAS 软件对数据作方差分析,计算程序为:

```
DATA zhjiao2;
    INPUT A B C D y; OUTPUT; CARDS;
1 1 1 1 228.6
1 1 2 2 225.8
1 2 1 2 230.2
1 2 2 1 218.0
2 1 1 1 220.8
2 1 2 2 215.8
2 2 1 2 228.5
2 2 2 1 214.8
PROC ANOVA;
CLASS A B C D;
MODEL y=A B C D A*B A*C; MEANS A B C D; RUN;
```

程序中的"A∗B"和"A∗C"表示交互作用 $A \times B$ 和 $A \times C$,部分输出结果见表 5.13,表的格式已经作了适当的调整。

表 5.13　方差分析表

Source	DF	SS	MS	F-value	P>F
Model	6	269.867	44.977 9	734.33	0.028 2
Error	1	0.061 25	0.061 25		
Cor Total	7	269.928			
A	1	64.411 2	64.411 2	1 051.61	0.019 6
B	1	0.031 25	0.031 25	0.51	0.605 1
C	1	141.961	141.961	2 317.73	0.013 2
D	1	40.951 2	40.951 2	668.59	0.024 6
A∗B	1	20.801 2	20.801 2	339.61	0.034 5
A∗C	1	1.711 25	1.711 25	27.94	0.119 0

从方差分析表看到,B 因素的 P 值=0.605 1 最大,其次是交互作用 $A \times C$ 的 P 值=0.119 0 也大于 0.05。可以断定 B 因素是不显著的,但是交互作用 $A \times C$ 的显著性还需要进一步考察,方法是把最不显著 B 因素剔除后再重新作方差分析。遗憾的是这时产生了一个计算困难,各种统计软件都规定:如果方差分析模型中包含有某一交互作用,那么就必须同时包含构成这个交互作用的两个因素。本例的方差分析模型中包含了交互作用 $A \times B$,因此就

不能剔除 B 因素后用软件重新作方差分析。解决的方法有两个,第一是仿照例 2.5,利用表 5.13 中已计算出的各因素的离差平方和,借助 Excel 软件作简单的计算,就可以计算出剔除 B 因素后新的方差分析表。第二是把交互作用 $A \times B$ 和 $A \times C$ 作为两个因素 AB 和 AC 看待,把对应的列水平也输入到 SAS 程序的数据块中,对程序作简单修改可以得到剔除 B 因素后的方差分析结果。具体的计算过程不再列出,计算出剔除 B 因素后新的方差分析表为(表 5.14):

表 5.14   剔除 B 因素后的方差分析表

Source	DF	SS	MS	F-value	Pr $>$ F
Error	2	0.092 5	0.046 25		
Cor Total	7	269.928			
A	1	64.411 2	64.411 2	1 392.67	0.000 7
C	1	141.961	141.961	3 069.43	0.000 3
D	1	40.951 2	40.951 2	885.43	0.001 1
$A * B$	1	20.801 2	20.801 2	449.76	0.002 2
$A * C$	1	1.711 25	1.711 25	37.00	0.026 0

从上面剔除 B 因素后的方差分析表中看到,这时交互作用 $A \times C$ 的 P 值 $= 0.026\ 0 < 0.05$,也是显著的。各因素和交互作用按显著性由高到低(即 P 值由小到大)排序为:

$$\text{高} \xrightarrow{\quad C \quad A \quad D \quad A \times B \quad A \times C \quad} \text{低}$$

由表 5.12 看到三个因素 C, A, D 的好水平分别是 C_2, A_2, D_1。B 因素本身不显著,不能由 B 因素本身确定它的好水平,需要根据 $A \times B$ 确定 B 因素的好水平。为此计算 $A \times B$ 的水平搭配表 5.15:

表 5.15 $A \times B$ 的水平搭配表

因素	A_1	A_2
B_1	$(228.6 + 225.8)/2 = 227.2$	$(220.8 + 215.8)/2 = 218.3$
B_2	$(230.2 + 218.0)/2 = 224.1$	$(228.5 + 214.8)/2 = 221.65$

从上面的表中看到,由交互作用 $A \times B$ 所得的 A 和 B 最优水平搭配是 $A_2 B_1$,其中 A 因素的最优水平与单独考虑 A 因素所得的最优水平是一致的。然后再看交互作用 $A \times C$,计算 $A \times C$ 的水平搭配表 5.16。

表 5.16　$A \times C$ 的水平搭配表

因素	A_1	A_2
C_1	$(228.6+230.2)/2=229.4$	$(220.8+228.5)/2=224.65$
C_2	$(225.8+218.0)/2=221.9$	$(215.8+214.8)/2=215.3$

从 $A \times C$ 的水平搭配表中看到,最优搭配是 A_2C_2,这与单独看 C,A 两个因素所得的最优搭配是一致的。综上所述,因素最优搭配的理论值是 $A_2B_1C_2D_1$,这个搭配没有出现在所做的 8 个实验中,这也正是正交设计的优点,可以通过所做的少数几个实验而推导出理论上的最优实验。当然,理论上的最优搭配 $A_2B_1C_2D_1$ 还需要做验证实验给予验证。

如果用 Excel 软件作有交互作用的方差分析,只需要把交互作用也作为因素看待,两个交互作用 $A \times B$ 和 $A \times C$ 分别看作因素 AB 和 AC,其他的计算与无交互作用方差分析的方式完全相同。

对于有交互作用的 3 水平正交设计方差分析,读者会从交互作用表中发现每个交互作用占正交表的两列。用 SAS 软件作方差分析与 2 水平的情况完全相同,只是用 Excel 计算交互作用离差平方和时要把每个交互作用所占两列上的离差平方和相加,作为这个交互作用的离差平方和。相应地,每个交互作用的自由度是其所占例自由度之和,即 $2+2=4$,也等于构成这个交互作用的各因素自由度的乘积,即 $2 \times 2=4$。

5.4　水平不等的正交设计

有时限于客观条件,实验中所考察的因素的水平数不能完全相等,这时需要采用混合水平正交表安排实验,或者对普通的正交表作修正,灵活使用正交表。

5.4.1　用混合水平正交表安排实验

例 5.3　在某种化油器设计中希望寻找出一种具有较小比油耗的结构,实验的影响因素见下表,其中有 4 个 3 水平的因素,一个 2 水平的因素,因素水平见表 5.17。选用混合水平正交表 $L_{18}(2 \times 3^7)$,该表共有 18 行,需要做 18 次实验,其中第一列是 2 水平列,其余 7 列都是 3 水平列。表头设计与实验结果列在表 5.18 中。

表 5.17　化油器设计因素水平表

因　　素	1 水平	2 水平	3 水平
A：大喉管直径	32	34	36
B：中喉管直径	22	21	20
C：小喉管直径	10	9	8
D：空气量孔直径	1.2	1.0	0.8
E：天气	高气压	低气压	

表 5.18　实验设计和实验结果分析

实验号	因　　素								实验结果
	E		A	B	C	D			
	1	2	3	4	5	6	7	8	y
1	1	1	1	1	1	1	1	1	240.7
2	1	1	2	2	2	2	2	2	230.1
3	1	1	3	3	3	3	3	3	236.5
4	1	2	1	1	2	2	3	3	217.1
5	1	2	2	2	3	3	1	1	210.5
6	1	2	3	3	1	1	2	2	306.8
7	1	3	1	2	1	3	2	3	247.1
8	1	3	2	3	2	1	3	1	228.3
9	1	3	3	1	3	2	1	2	237.7
10	2	1	1	3	3	2	2	1	208.4
11	2	1	2	1	1	3	3	2	253.3
12	2	1	3	2	2	1	1	3	232.0
13	2	2	1	2	3	1	3	2	209.2
14	2	2	2	3	1	2	1	3	245.1
15	2	2	3	1	2	3	2	1	234.1
16	2	3	1	3	2	3	1	2	217.7
17	2	3	2	1	3	1	2	3	209.7
18	2	3	3	2	1	2	3	1	339.8
$\overline{T}_1$	239.4		223.4	232.1	272.1	237.8			
$\overline{T}_2$	238.8		229.5	244.8	226.6	246.4			
$\overline{T}_3$			264.5	240.5	218.7	233.2			

解　直接看的好条件是第 10 号实验，其搭配是 $A_1B_3C_3D_2E_2$，比油耗值 $y=208.4$，另外第 5，13，17 实验的比油耗值也较低。

在混合水平正交设计中，对数据的直观分析时存在一个问题，这时由于因素的水平数不同，使得因素的极差之间缺乏可比性。可以通过系数调整使

得极差之间具有可比性,公式为

$$R'_j = d_a R_j$$

其中 d_a 是与因素的水平数 a 有关的调整系数,取值见表 5.19。通过调整虽然使极差具有了可比性,但是数值大小却只具有相对意义,本书不采用这种方法,而直接对数据作方差分析。

表 5.19　修正系数表

a	2	3	4	5	6	7	8	9	10
d_a	0.71	0.52	0.45	0.40	0.37	0.35	0.34	0.32	0.31

用 SAS 软件作方差分析,计算程序与例 5.1 的计算程序完全相似,不再列出,计算出的方差分析见表 5.20。

表 5.20　方差分析表(1)

Source	DF	SS	MS	F	P>F
Model	9	16 938.17	1 882.01	5.32	0.014
Error	8	2 832.35	354.04		
Cor Total	17	19 770.52			
A	2	5 904.06	2 952.03	8.34	0.011
B	2	499.00	249.50	0.70	0.523
C	2	9 997.34	4 998.67	14.12	0.002
D	2	536.08	268.04	0.76	0.500
E	1	1.68	1.68	0.00	0.946

从方差分析表看到,因素 B,D,E 都不显著,对一般情况的方差分析,应该逐一剔除最不显著的因素,再重新作方差分析。由于正交设计的因素之间不相关,剔除一个因素时其他因素的离差平方和不变,而三个不显著的因素 B,D,E 的 P 值都很大,所以可以同时将这三个因素剔除,得新的方差分析表见表 5.21。

表 5.21　方差分析表(2)

Source	DF	SS	MS	F	P>F
Error	13	2 832.35	217.87		
Cor Total	17	19 770.52	1 162.97		
A	2	5 904.06	2 952.03	13.55	0.000 7
C	2	9 997.34	4 998.67	22.94	0.000 1

　　A 因素大喉管直径和 C 因素小喉管直径是高度显著的,最优水平分别为 A_1 和 C_3,这与直接看的好条件第 10 号实验是一致的。而 B 因素和 D 因素对油耗没有显著影响,可以从节约成本的角度决定其水平值,再用实验验证,本书不再多述。天气的气压高低对油耗没有影响。

5.4.2　改造正交表

　　因素水平数不等的正交设计情况复杂多样,不可能对所有情况都事先编制好水平数不等的正交表,这时可以通过对一张现有正交表(称为基本表)的灵活改造而安排水平数不等的正交设计。

1　并列法

　　例 5.4　在 Vc 二步发酵的配方实验中,共有七个影响因素,其中因素 A "尿素"有 6 个水平,其他 6 个因素都是 3 个水平,因素水平见表 5.22。

表 5.22　因素水平表　　　　　　　　　%

因　　素	符号	水　　平					
		1	**2**	**3**	**4**	**5**	**6**
尿素	A	CP0.7	CP1.1	CP1.5	工业 0.7	工业 1.1	工业 1.5
山梨糖	B	7	9	11			
玉米浆	C	1	1.5	2			
K_2HPO_4	D	0.15	0.05	0.1			
$CaCO_3$	E	0.4	0.2	0			
$MgSO_4$	F	0	0.01	0.02			
葡萄糖	G	0	0.25	0.5			

　　解　不考虑因素的交互作用。常见的混合水平正交表只有 $L_{18}(2^1 \times 3^7)$ 表,可以安排一个 2 水平的因素和 7 个 3 水平的因素。本例有 1 个 6 水平的因素和 6 个 3 水平的因素,这时可以把 $L_{18}(2^1 \times 3^7)$ 正交表中的 2 水平列和一个 3 水平列合并生成一个 6 水平列。具体方法为:

$(1,1) \to 1$　　$(1,2) \to 2$　　$(1,3) \to 3$

$(2,1) \to 4$　　$(2,2) \to 5$　　$(2,3) \to 6$

　　这样就由 $L_{18}(2^1 \times 3^7)$ 生成了一张新的 $L_{18}(6^1 \times 3^6)$ 混合水平正交表,可以安排 1 个 6 水平的因素和 6 个 3 水平的因素,实验的安排和实验结果见表 5.23。$L_{18}(6^1 \times 3^6)$ 正交表是由 $L_{18}(2^1 \times 3^7)$ 正交表的前两列生成的,容易验证它符合正交表的两个条件,确实是正交表。

表 5.23　用混合水平正交表 $L_{18}(6^1 \times 3^6)$ 安排实验与实验结果

实验号	A	B	C	D	E	F	G	氧化率
	1	2	3	4	5	6	7	$y/\%$
1	1	1	3	2	2	1	2	65.1
2	1	2	1	1	1	2	1	47.8
3	1	3	2	3	3	3	3	29.1
4	2	1	2	1	2	3	1	70.0
5	2	2	3	3	1	1	3	68.1
6	2	3	1	2	3	2	2	41.5
7	3	1	1	3	1	3	2	63.0
8	3	2	2	2	3	1	1	65.3
9	3	3	3	1	2	2	3	59.0
10	4	1	1	1	3	1	3	45.7
11	4	2	2	3	2	2	2	56.4
12	4	3	3	2	1	3	1	42.0
13	5	1	3	3	3	2	1	70.0
14	5	2	1	2	2	3	2	58.3
15	5	3	2	1	1	1	2	53.6
16	6	1	2	2	1	2	3	66.3
17	6	2	1	1	3	3	2	66.7
18	6	3	1	3	2	1	1	50.0

　　细心的读者已经发现,这个例子中正交表的每列都安排上了因素,没有空白列,这时作方差分析就没有误差列。在实际工作中总是希望在相同次数的实验中考察尽量多的因素,如果仅是为了作方差分析而留出一列空白列,会认为是对实验资源的浪费。实际上,当实验中考察了较多因素时,总会有一个或几个因素对实验指标没有显著影响,这时的处理方法是先算出每列的离差平方和,把离差平方和最小的列作为误差列,然后作方差分析。本例中,因素 A 的自由度为 $6-1=5$,离差平方和为:

$$SSA = \sum_{i=1}^{6} 3(\overline{T}_i - \overline{y})^2$$

其他各因素的自由度为 $3-1=2$,离差平方和为:

$$SS = \sum_{i=1}^{3} 6(\overline{T}_i - \overline{y})^2$$

具体的计算工作留给读者作为练习。

以上用并列法生成混合水平正交表时所使用的基本表 $L_{18}(2^1 \times 3^7)$ 是无交互作用的正交表,如果使用有交互作用的基本表,就要把相应的交互作用列去掉。例如把 $L_8(2^7)$ 正交表的前两列并列生产一个 4 水平的列,前两列的交互作用在第 3 列,这时要把第 3 列去掉,生成一张有 1 个 4 水平列和 4 个 2 水平列的混合水平正交表 $L_8(4^1 \times 2^4)$。其余情况以此类推。

2   拟水平法

拟水平法是对水平较少的因素虚拟一个或几个水平,使它与其他因素的水平数相等。例如一个实验中有 3 个因素,A 因素有 2 个水平,B,C 因素都是 3 水平的因素。如果直接使用混合水平正交表就要用 $L_{18}(2^1 \times 3^7)$ 混合表,需要做 18 次实验,实际上是全面实验。为了减少实验次数,可以用 $L_9(3^4)$ 安排实验。在 A 因素的两个水平 A_1,A_2 中选择出一个水平,例如选择 A_1 水平,然后虚拟一个 A_3 水平,A_3 水平与 A_1 水平实际上是同一个水平,这样 A 因素形式上就有 3 个水平,就可以用 $L_9(3^4)$ 安排实验了。

对含有拟水平的 A 因素计算离差平方和时,仍使用通用的公式:

$$SSA = \sum_{i=1}^{a} n_i (\overline{T}_i - \overline{y})^2$$

本例水平数 $a=2$ 是 A 因素的实际水平数,n_i 是在第 i 水平下所做实验的次数,$n_1=6,n_2=3$,SSA 的自由度是 $2-1=1$。遗憾的是,用拟水平法改造的"正交表"不再具有正交性,计算离差平方和不能用空白列法,而要用公式

误差平方和 = 总离差平方和 - 各因素离差平方和之和

误差自由度 = 总自由度$(n-1)$ - 各因素自由度之和

改造的"正交表"虽然不再具有正交性,但是用 SAS 软件计算方差分析的程序与普通正交设计的计算程序是一样的,只是因素的水平要取为实际的水平,不要取做拟水平,本书就不举例说明了。

3   组合法

一个实验中有 2 个 2 水平因素和 3 个 3 水平因素,共有 5 个因素,不考虑交互作用。如果用拟水平法,需要用 $L_{18}(2^1 \times 3^7)$ 或 $L_{27}(3^{13})$ 正交表,实验次数过多。这时可以把 $L_9(3^4)$ 的 1 个 3 水平列拆分成 2 个 2 水平的列,或者看作是将 2 个 2 水平的列组合成 1 个 3 水平的列,通常的方法是:

$$1 \rightarrow (1,1) \quad 2 \rightarrow (1,2) \quad 3 \rightarrow (2,1)$$

用组合法改造的"正交表"也不具有正交性,并且上面的改造方法有一个明显的缺陷,两个 2 水平列的$(2,2)$水平组合没有出现。读者在实际工作中也

可以采用其他的灵活改造方式,例如把基本表 $L_9(3^4)$ 的第一列的 9 个实验用下面的方法改造为两个 2 水平列:

实验号	基本表水平		改造表水平
1	1	→	(1,1)
2	1	→	(1,1)
3	1	→	(2,2)
4	2	→	(1,2)
5	2	→	(1,2)
6	2	→	(2,2)
7	3	→	(2,1)
8	3	→	(2,1)
9	3	→	(2,2)

这样两个 2 水平列的 4 种水平组合方式就都出现了,当然这样改造的实验同样也不具有正交性。

5.5　独立重复实验

正交实验的目的是为了减少实验次数,对同一个处理(因素水平的一种组合)通常只做一次实验,得到一个实验指标数值,实验的重复性体现在对多个处理可以获取实验指标的多个数据。在一些特殊场合下对同一个处理也有必要做多次独立的重复实验,分为以下两种不同情况:

(1) 相同操作独立重复实验。在多数场合下,对每个处理准备好实验条件是困难的,而在同一个实验条件下重复做几次实验是容易的。这时相同处理下的实验误差不能反映操作方法的误差,仅反映样品之间的误差,对实验结果的分析需要考虑区组因素。这种场合下的一种简单的数据分析方法是把同一个处理下的几次实验数值做平均,用平均数作为该处理下的实验指标数值。这样就把复杂的重复实验简化为无重复实验了,同时也能提高实验的精度。这种方法简便易行,是实际工作中经常采用的方法。

(2) 随机顺序独立重复实验。这种场合要求对每个处理下的重复实验要重新准备实验条件,相同处理下的实验误差既包含操作方法的误差,也包含样品之间的误差。本书以下讲到的重复实验都是指这种随机顺序独立重复实验。

例 5.5　在对中药赤芍提取工艺改进实验中,以提取率为实验指标,采用 $L_9(3^4)$ 正交表做重复实验,因素水平见表 5.24。

表 5.24　因素水平表

水平	溶剂量 *A*/倍	提取时间 *B*/h	提取次数 *C*/次
1	8	0.5	1
2	10	1	2
3	12	1.5	3

正交表的第一列作为空白列,3 个实验因素 A,B,C 分别安排在正交表的第 2,3,4 列上,实验结果见表 5.25。

表 5.25　实验安排与实验结果

实验号	空白 *D*	溶剂量 *A*	提取时间 *B*	提取次数 *C*	提取率 *y*/%	
					y₁	*y₂*
1	1	1	1	1	54.40	50.10
2	1	2	2	2	81.58	81.58
3	1	3	3	3	77.65	86.47
4	2	1	2	3	77.95	78.75
5	2	2	3	1	60.62	65.33
6	2	3	1	2	73.44	73.21
7	3	1	3	2	82.60	95.53
8	3	2	1	3	71.26	84.15
9	3	3	2	1	61.55	59.70
$\bar{T}_1$	71.96	73.22	67.76	58.62		
$\bar{T}_2$	71.55	74.09	73.52	81.32		
$\bar{T}_3$	75.80	72.00	78.03	79.37		

解　用 SAS 软件计算方差分析,计算程序为:

```
DATA zhjiao1;
    INPUT D A B C y;
    OUTPUT;
CARDS;
1   1   1   1   54.4
1   2   2   2   81.58
1   3   3   3   77.65
2   1   2   3   77.95
```

2	2	3	1	60.62
2	3	1	2	73.44
3	1	3	2	82.6
3	2	1	3	71.26
3	3	2	1	61.55
1	1	1	1	50.1
1	2	2	2	81.58
1	3	3	3	86.47
2	1	2	3	78.75
2	2	3	1	65.33
2	3	1	2	73.21
3	1	3	2	95.53
3	2	1	3	84.15
3	3	2	1	59.7

```
PROC ANOVA;
CLASS A B C D;
MODEL y= D A B C;
RUN;
```

和无重复实验的方差分析计算程序相比有两点不同：

第一，对 k 次重复实验，每个实验处理（水平搭配）要重复输入 k 次，也就是对每次的实验指标数值分别输入一次，作为数据文件的一行。本例重复次数 $k=2$，前 9 行是每个实验处理的第 1 次实验数据，后 9 行是每个实验处理的第 2 次实验数据。

第二，空白列也作为一个因素参与计算。

输出结果见表 5.26。计算得到的方差分析表的形式与无重复实验的方差分析表是相同的，在这个方差分析表中：

表 5.26　方差分析表

Source	DF	SS	MS	F	P
Model	8	2 297	287.2	11.34	0.000 7
Error	9	228.0	25.32		
Cor Total	17	2 525			
D	2	65.85	32.92	1.30	0.319 2
A	2	13.15	6.573	0.26	0.777 0
B	2	318.2	159.1	6.28	0.019 6
C	2	1 900	950.2	37.51	0.000 1

（1）总离差平方和 $SST=2\,525$ 是 18 个实验数据的离差平方和，

$$SST = \sum_{i=1}^{n} \sum_{j=1}^{k} (y_{ij} - \bar{y})^2$$

其中 $\bar{y}$ 是 18 个数据的平均值，自由度 $DF=$ 实验数据个数$-1=18-1=17$。

（2）各列离差平方和为：

$$SS = \sum_{i=1}^{3} 6(\bar{T}_i - \bar{y})^2$$

每列的自由度 $DF=3-1=2$。

（3）对于重复实验，总离差平方和大于各列离差平方和之和，两者之差称为纯误差平方和，记为 $SSEP$，即

$$SSEP = SST - \sum SS_{列}$$

其中 $\sum SS_{列}$ 是正交表各列（包括因素、交互作用、空白列）的离差平方和。如果所使用的正交表在无重复实验时满足离差平方和分解式，例如本例中的 $L_9(3^4)$ 正交表，这时纯误差平方和为：

$$SSEP = \sum_{i=1}^{n} \sum_{j=1}^{k} (y_{ij} - \bar{y}_i)^2$$

其自由度 $DF=n(k-1)$，本例 $n=9$，$k=2$，自由度 $DF=9$。它反映的是相同处理内的误差，不包含处理间的误差，所以称为纯误差平方和。由于重复实验时可以计算纯误差平方和，所以在正交表各列排满因素和交互作用时也可以作方差分析。

从方差分析表中看到，C 因素的 P 值 $=0.000\,1$ 是最显著的因素，对提取率的影响最大；其次 B 因素的 P 值 $=0.019\,6$ 也是显著的因素，对实验也有重要影响；而 A 因素的 P 值 $=0.777\,0$ 是不显著的因素，对提取率没有影响。

D 因素实际上是空白列，在无重复的方差分析中是作为误差项的。在有重复的方差分析中，空白列用来检验实验的效果和交互作用。本例的 $L_9(3^4)$ 正交表是无交互作用正交表，空白列只用来检验实验的效果。空白列的 P 值 $=0.319\,2$ 不显著，表明空白列各水平间无显著差异，也就表明实验中没有遗漏重要的影响因素。如果实验是采用有交互作用的正交表，当某个空白列的 P 值 <0.05 时可以有两种解释。第一种解释是实验中遗漏了重要的影响因素；第二种解释是实验因素间存在交互作用，可以通过交互作用表确定是哪两个因素间存在交互作用。

在多因素方差分析中，要求把最不显著的因素剔除掉（合并到误差项中）再重新作方差分析，这样可以增加误差平方和的自由度，提高检验的效率。本

例中,把最不显著的 A 因素剔除后,空白列的 P 值从 0.319 2 减小到0.265 0,仍然不显著。实际上,在重复实验中这个合并步骤通常可以省略,这是因为纯误差平方和的自由度本身较大,再并入其他不显著的列时自由度增加不多,检验的效率提高并不大。本例中,B,C 两因素的 P 值很小,空白列的 P 值较大,把 A 因素合并到误差项中后并不会明显改变检验的效果。只有像例 2.5 中列因素的 P 值 $= 0.059$,与 0.05 很接近,则需要合并后重新作方差分析。另一方面,纯误差平方和统计意义明确,合并其他不显著的项后统计意义变得不够明确。

5.6　筛选实验

在一些实验中,仅根据专业知识并不能确定出少数几个对实验指标起决定作用的因素,在实验设计的初期会提出许多影响实验指标的因素,但是真正的影响因素可能并不多。这时就需要先对实验的众多可能的影响因素作初步筛选,找出真正对实验有影响的因素,这种实验设计方法称为筛选实验。在正交设计中也称为撒粗网。

在筛选实验中,由于所考察的因素数目较多,所以通常不考虑因素间的交互作用,否则就需要做大量的实验。这时需要选用无交互作用的正交表,也就是把每个交互作用均匀分布在其余各列上的正交表。在常用的正交表中,$L_{12}(2^{11})$,$L_{20}(2^{19})$ 和 $L_{18}(2^1 \times 3^7)$ 都是无交互作用的正交表。用 $L_{12}(2^{11})$ 正交表需要做 12 次实验,最多可以安排 11 个 2 水平的因素。用 $L_{20}(2^{19})$ 正交表需要做 20 次实验,最多可以安排 19 个 2 水平的因素。用 $L_{18}(2^1 \times 3^7)$ 正交表需要做 18 次实验,最多可以安排 7 个 3 水平的因素和 1 个 2 水平的因素。可见如果因素只取 2 水平就可以用较少的实验次数考察较多的因素,而因素取 3 水平时就会大幅度地增加实验次数。所以在筛选实验中通常取因素水平为 2。

在筛选实验中 2 水平因素的选取方法有一个原则,就是其中的一个水平要取在中心位置,而另外一个水平选择靠近边界位置,与中心位置尽量远一些,这样才能正确识别因素对实验指标是否有显著影响。这里的中心位置是根据现有的专业知识或经验认为的最佳取值。例如根据经验认为生产的最佳温度是 50 ℃,允许的温度变化范围是 ± 10 ℃,那么就可以取温度的 1 水平是 50 ℃,2 水平是 60 ℃ 或 40 ℃。如果把两个水平取在中心位置的对称位置

(例如 45 ℃和 55 ℃),实验结果可能是两个水平实验指标的平均值很接近,就会误认为温度是不重要的因素而被筛选掉。

例 5.6　在一项减小应力(系统内部的损耗)的实验中,共需要考虑 11 个因素,如果每个因素都取 3 个水平则至少要做 27 次实验。现在决定首先做筛选实验,每个因素都只取两个水平,暂不考虑交互作用。用 $L_{12}(2^{11})$ 正交表安排实验,其中分别用 1 和 −1 表示因素的高低两个水平,实验的安排和实验结果见表 5.27。

表 5.27　筛选实验安排和实验结果

实验号	A	B	C	D	E	F	G	H	I	J	K	y
	1	2	3	4	5	6	7	8	9	10	11	
1	1	1	−1	1	1	−1	1	−1	−1	−1	1	11.2
2	1	−1	1	1	−1	1	−1	−1	−1	1	1	26.5
3	−1	1	1	−1	1	−1	−1	−1	1	1	1	18.7
4	−1	−1	−1	1	1	1	1	1	−1	1	16.1
5	1	1	1	1	1	1	−1	−1	−1	−1	10.5
6	1	−1	−1	−1	1	1	1	−1	1	1	−1	23.2
7	1	−1	1	−1	−1	−1	1	1	1	1	17.2
8	−1	1	1	1	−1	1	1	1	−1	1	12.3
9	−1	1	−1	−1	−1	1	1	1	−1	1	1	28.4
10	1	1	−1	1	−1	−1	−1	1	1	1	−1	22.9
11	−1	1	1	1	1	1	−1	1	−1	−1	16.5
12	−1	−1	−1	−1	−1	−1	−1	−1	−1	−1	−1	18.4

解　用 SAS 软件对数据作方差分析,计算程序略,得表 5.28 的方差分析表(1)。从表中看到误差项的平方和为 0,这是因为正交表的全部 11 列都排满了因素,没有空白列作为误差项,不能作方差分析。由于因素 A,B,G,H,I 的方差都很小,可以认为对实验指标没有影响,可以把这几项都合并为误差项。剔除这几项后重新作方差分析,得表 5.29 的方差分析表(2)。

因素 E,J 的 P 值都小于 0.01,是高度显著的,是影响实验指标的主要因素。因素 D,F,K 的 P 值在 0.01 到 0.05 之间,对实验指标也有重要影响。因素 D 的 P 值为 0.106,是影响实验指标的次要因素。

各因素的方差由大到小(或 P 值由小到大)的排列顺序是:
J,E,F,C,K,D,I,H,B,G,A

表 5.28　方差分析表（1）

Source	DF	SS	MS	F	P＞F
Model	11	370.7	33.70	.	.
Error	0	.	.		
Total	11	370.7			
A	1	0.100 8	0.100 8	.	.
B	1	2.521	2.521	.	.
C	1	28.52	28.52	.	.
D	1	9.900	9.901	.	.
E	1	119.7	119.7	.	.
F	1	35.02	35.02	.	.
G	1	1.541	1.541	.	.
H	1	4.201	4.201	.	.
I	1	4.440	4.440	.	.
J	1	147.7	147.7	.	.
K	1	17.04	17.04	.	.

表 5.29　方差分析表（2）

Source	DF	SS	MS	F	P＞F
Model	6	357.9	59.65	23.29	0.001 7
Error	5	12.80	2.561		
Total	11	370.7			
C	1	28.52	28.52	11.14	0.020 6
D	1	9.901	9.901	3.87	0.106 4
E	1	119.7	119.7	46.74	0.001 0
F	1	35.02	35.02	13.68	0.014 0
J	1	147.7	147.7	57.68	0.000 6
K	1	17.04	17.04	6.65	0.049 5

下一步对因素 J,E,F 或 J,E,F,C 用 $L_9(3^4)$ 正交表进一步做 3 水平的实验，就可以得到最优的实验条件。

5.7　正交设计与区组设计

很多实验设计问题都要考虑区组因素，本章前面的内容没有涉及区组因素，实际上正交设计中对区组因素的处理非常简便。

5.7.1　拉丁方设计

前面已经讲到,正交设计是从拉丁方设计的基础上发展而来的,拉丁方设计可以作为正交设计的特例,是对一个实验因素和两个区组因素的实验设计。在正交设计中,把区组因素与实验因素等同对待,拉丁方设计就成为 3 个因素的正交设计。以下引用文献[4]例 2.3.9 说明这个问题。

例 5.7　为研究 5 个不同剂量(剂量由小到大分别用 A,B,C,D,E 表示)的甲状腺提取液对豚鼠甲状腺重的影响,考虑到鼠的种系和体重对观测指标可能有一定的影响,把这两个非处理因素作为区组因素,设计实验时,将这两个非处理因素一并安排。鼠的种系和体重这两个区组因素也都分为 5 个水平,根据专业知识得知,这 3 个因素之间的交互作用可忽略不记。用拉丁方设计安排实验,实验设计方案和实验结果如下:

表 5.30　甲 状 腺 重　　　　　单位:g/200g 体重

种系	体　　重				
	Ⅰ	Ⅱ	Ⅲ	Ⅳ	Ⅴ
1	C 65	E 85	A 57	B 49	D 79
2	E 82	B 63	D 77	C 70	A 46
3	A 73	D 68	C 51	E 76	B 52
4	D 92	C 67	B 63	A 41	E 68
5	B 81	A 56	E 99	D 75	C 66

解　以下分别采用拉丁方设计和正交设计对实验结果作方差分析。

方法一:拉丁方设计

这个例子在拉丁方设计中称为两向干扰区组设计,用 SAS 软件作统计分析,计算程序为:

```
DATA ladf1;
  DO s=1 TO 5;
  DO w=1 TO 5;
    INPUT dose $ y @@;
    OUTPUT;
END;END;CARDS;
C 65 E 85 A 57 B 49 D 79
E 82 B 63 D 77 C 70 A 46
```

A 73 D 68 C 51 E 76 B 52
D 92 C 67 B 63 A 41 E 68
B 81 A 56 E 99 D 75 C 66
PROC ANOVA；
CLASS s w dose；
MODEL y＝dose s w；
MEANS dose；
RUN；

输出结果见表 5.31。

表 5.31　拉丁方设计方差分析表

Source	DF	SS	MS	F	P＞F
Model	12	3 974.88	331.24	3.94	0.012 3
Error	12	1 008.08	84.01		
Total	24	4 982.96			
dose	4	2 690.96	672.74	8.01	0.002 2
S	4	375.76	93.94	1.12	0.392 9
W	4	908.16	227.04	2.70	0.081 5

表 5.32　拉丁方设计甲状腺重均值和标准差

dose	N	Mean	SD
A	5	54.6	12.30
B	5	61.6	12.56
C	5	63.8	7.396
D	5	78.2	8.758
E	5	82.0	11.51

其中 dose 表示剂量。从方差分析表 5.31 看到，3 个因素的总体效果（Model）是显著的，检验的 P 值＝0.012 3，对豚鼠甲状腺重有显著影响。实验因素甲状腺提取液的剂量 dose 对甲状腺重有非常显著的影响，检验的 P 值＝0.002 2，而两个区组因素鼠的种系 S 和体重 W 对甲状腺重没有显著影响。从均值表 5.32 看到，提取液的剂量越大，甲状腺重也越大。

方法二：正交设计

用正交设计作方差分析时，把区组因素也作为实验因素处理，这个问题就转化为 3 个因素 5 个水平的正交设计，对应的正交表是 $L_{25}(5^6)$，计算程序为：

```
DATA ladf2;
    INPUT s w dose y;
    OUTPUT;
CARDS;
1    1    3    65
1    2    5    85
1    3    1    57
1    4    2    49
1    5    4    79
2    1    5    82
2    2    2    63
2    3    4    77
2    4    3    70
2    5    1    46
3    1    1    73
3    2    4    68
3    3    3    51
3    4    5    76
3    5    2    52
4    1    4    92
4    2    3    67
4    3    2    63
4    4    1    41
4    5    5    68
5    1    2    81
5    2    1    56
5    3    5    99
5    4    4    75
5    5    3    66
PROC ANOVA;
CLASS s w dose;
MODEL y=dose s w;
MEANS dose;
RUN;
```

　　输出结果与方法一完全相同,不再重复。仔细观察两个计算程序不难看出,只是数据的排列方式不同,实际的计算程序是完全相同的。

5.7.2　其他区组设计

根据区组因素的不同情况,拉丁方设计可有多种变化的形式,这些形式都可以通过正交设计的相应变化而得到,以下简要介绍几种常见的情况。

1　希腊拉丁方设计

如果实验中有一个实验因素和三个区组因素,在拉丁方设计中称为希腊拉丁方设计,这种情况仍然可以用正交设计解决。用前面的例子做一个简要的说明,假如实验是由 5 个实验者完成的,每个实验者操作的熟练程度不同,对实验结果也会产生一定的影响,也作为区组因素。这时有一个实验因素和三个区组因素。

如果采用拉丁方设计,则需要找到两个相互正交的拉丁方,将两个拉丁方合并在一起,称为希腊拉丁方设计。而用正交设计方法,只要把实验看作 4 个因素 5 个水平的正交设计,仍然用 $L_{25}(5^6)$ 安排实验,非常简便。两者的方差分析结果也是完全相同的,不再详细介绍。

2　尤登方区组设计

尤登方是行数和列数不相等的"不完全"拉丁方区组设计,是缺少一行或几行的拉丁方设计。这种情况只需要看做是缺少了相应处理的正交实验设计,这时实验不具有正交性。例如在例 5.7 的实验中,假设拉丁方第 1 行的实验数据缺失,剩余的 4 行 5 列就称为尤登方,这相当于正交设计中缺少前 5 个实验。这时计算因素的离差平方和时需要对计算公式作适当修正,以提高方差分析的效果。具体的公式见参考文献[4]103~105 页,本书仅给出用 SAS 软件做方差分析的计算程序:

```
DATA ladf3；
  DO s=2 TO 5；
  DO w=1 TO 5；
    INPUT dose＄ y @@；
    OUTPUT；
END；END；CARDS；
E 82 B 63 D 77 C 70 A 46
A 73 D 68 C 51 E 76 B 52
D 92 C 67 B 63 A 41 E 68
B 81 A 56 E 99 D 75 C 66
PROC GLM；
```

```
CLASS s w dose；
MODEL y= s w dose/ss1；
MEANS dose；
RUN；
```

其中调用的程序块是广义线性模型 GLM(General Linear Models)，而不是前面所用的方差分析模型 ANOVA。程序语句"MODEL y= s w dose/ss1；"中3个变量 $s,w,dose$ 的顺序不能改动，也就是要把缺少一个水平的区组因素 s（种系）列在最前面，区组因素 w（体重）列在其后，实验因素 $dose$（剂量）列在最后，实际上是认为因素间含有一定的嵌套关系，因素的地位是不对等的。程序语句中的"ss1"是指定离差平方和的计算公式。

如果用正交设计作方差分析，只需要把数据的读入方式作相应的修改，其余的语句与这个程序完全相同。计算出的方差分析表见表 5.33。

表 5.33   尤登方设计方差分析表

Source	DF	SS	MS	F	P＞F
Model	11	3 378	307.1	3.50	0.043 1
Error	8	702.1	87.77		
Total	19	4 080			
S	3	369.0	123.0	1.40	0.311 5
W	4	1 369	342.3	3.90	0.048 1
DOSE	4	1 639	410.0	4.67	0.030 7

3   平衡不完全区组设计

某工程师考察四种催化剂（因素 A）的效果，实验指标 y 是望大特性，数值越大越好。反应温度（区组因素 B）也取 4 个水平，同时原材料的批次（区组因素 C）也是影响实验的因素。原材料的批次分为以下三种情况：

（1）原材料的批次和数量足够多，这时可以随机选取 4 个批次，属于普通的拉丁方设计，等同于使用 $L_{16}(4^5)$ 正交表安排 3 因素 4 水平的正交设计。实验的安排与实验结果见表 5.34。

（2）原材料只有 3 批，每批的数量足够多，这时可以使用前面讲的尤登方设计，是表 5.34 中的前面 12 个实验。

（3）原材料的批次足够多，但是每批只够做 3 个实验。这时可以去除表 5.34 中的第 1,7,12,14 号实验。在去除掉的这 4 个实验中，因素 A 和 B 分别包含 1,2,3,4 这 4 个水平。在剩余的 12 个实验中，因素 A 和 B 的每个水平

表 5.34　实验设计

实验号	C	B	A			y
(1)	1	1	1	1	1	75
2	1	2	2	2	2	73
3	1	3	3	3	3	56
4	1	4	4	4	4	64
5	2	1	2	3	4	72
6	2	2	1	4	3	72
(7)	2	3	4	1	2	64
8	2	4	3	2	1	59
9	3	1	3	4	2	61
10	3	2	4	3	1	63
11	3	3	1	2	4	69
(12)	3	4	2	1	3	81
13	4	1	4	2	3	72
(14)	4	2	3	1	4	62
15	4	3	2	4	1	79
16	4	4	1	3	2	75

都出现 3 次,这种设计就属于平衡不完全区组设计,这时区组因素 B 和 C 的地位是对等的。对此方法本书不详细介绍了,仅列出用 SAS 软件的计算程序。

```
DATA ladf4;
    INPUT C B A y;
    OUTPUT;
CARDS;
1    2    2    73
1    3    3    56
1    4    4    64
2    1    2    72
2    2    1    72
2    4    3    59
3    1    3    61
3    2    4    63
3    3    1    69
4    1    4    72
4    3    2    79
```

```
4    4    1    75
PROC GLM；
CLASS C B A；
MODEL y= C B A
MEANS dose；
RUN；
```

思考与练习

思考题

5.1 解释正交表的正交性以及正交性在实验设计中的作用。

5.2 什么是整体设计？

5.3 谈谈按随机化顺序做实验的意义。

5.4 简述用正交表安排实验的方法，解释避免混杂原则。

5.5 简述对正交设计实验结果作直观分析的合理性。

5.6 说明正交设计与拉丁方设计的关系。

5.7 结合你对正交设计的了解，谈谈正交设计的应用。

练习题

5.1 在公路建设中为了实验一种土壤固化剂 NN 对某种土的固化稳定作用，对该种土按不同配比掺加水泥、石灰和固化剂 NN，其中水泥的掺加量为 3%,5%,7%；石灰的掺加量为 0,10%,12%；NN 固化剂的掺加量为 0,0.5%,1%，实验的目的是找到一个经济合理的方法提高土壤 7 天浸水抗压强度。实验安排和实验结果见下表，分别用直观分析方法和方差分析方法分析实验结果。

实验号	1 水泥 *A* /%	2 石灰 *B* /%	3 NN 固化物 *C* /%	4	实验结果 7 天浸水抗压 强度/MPa
1	(1)3	(1) 0	(1)0.0	(1)	0.510
2	(1)3	(2)10	(2)0.5	(2)	1.366
3	(1)3	(3)12	(3)1.0	(3)	1.418
4	(2)5	(1) 0	(2)0.5	(3)	0.815
5	(2)5	(2)10	(3)1.0	(1)	1.783

续表

实验号	1	2	3	4	实验结果
	水泥 A /%	石灰 B /%	NN 固化物 C /%		7 天浸水抗压 强度/MPa
6	(2)5	(3)12	(1)0.0	(2)	1.838
7	(3)7	(1) 0	(3)1.0	(2)	1.201
8	(3)7	(2)10	(1)0.0	(3)	1.994
9	(3)7	(3)12	(2)0.5	(1)	2.198

5.2　某化工厂生产一种化工产品,影响采收率的 4 个主要因素是催化剂种类 A、反应时间 B、反应温度 C 和加碱量 D,每个因素都取 2 个水平。认为可能存在交互作用 $A \times B$ 和 $A \times C$。实验安排和实验结果见下表,找出好的生产方案,提高采收率。

实验号	A	B	$A \times B$	C	$A \times C$	D		实验结果
	1	2	3	4	5	6	7	y
1	1	1	1	1	1	1	1	82
2	1	1	1	2	2	2	2	78
3	1	2	2	1	1	2	2	76
4	1	2	2	2	2	1	1	85
5	2	1	2	1	2	1	2	92
6	2	1	2	2	1	2	1	79
7	2	2	1	1	2	2	1	83
8	2	2	1	2	1	1	2	86

5.3　分析例 5.4 的混合水平正交实验。

5.4　某正交实验考察 3 个 2 水平因素,用 $L_8(2^7)$ 正交表做重复实验,实验安排及实验结果见下表,实验指标 y 是望小特性,分析实验结果。

实验号	A	B	C					实验结果		和
	1	2	3	4	5	6	7	y_{i1}	y_{i2}	y_i
1	1	1	1	1	1	1	1	1.5	1.7	3.2
2	1	1	1	2	2	2	2	1.0	1.2	2.2
3	1	2	2	1	1	2	2	2.5	2.2	4.7
4	1	2	2	2	2	1	1	2.5	2.5	5.0

实验号	A	B	C					实验结果		和
	1	2	3	4	5	6	7	y_{i1}	y_{i2}	y_i
5	2	1	2	1	2	1	2	1.5	1.8	3.3
6	2	1	2	2	1	2	1	1.5	2.0	3.5
7	2	2	1	1	2	2	1	1.8	1.5	3.3
8	2	2	1	2	1	1	2	1.9	2.6	4.5

第6章

均 匀 设 计

————————

均匀设计是 1978 年方开泰研究员和数学家王元共同提出的,也是用设计好的表格安排实验的方法。20 多年来,均匀设计在理论上有了很多新发展,在应用中取得了众多成果。本章首先简要介绍均匀设计的创立与发展,然后介绍均匀性度量的概念,均匀设计表的构造,用均匀设计表安排实验和分析实验结果的方法,混合水平的均匀设计,配方均匀设计等内容。

6.1 均匀设计概要

本节首先介绍均匀设计方法的创立过程,然后简要介绍均匀设计表的构造。

6.1.1 均匀设计的创立

20 世纪 70 年代,方开泰研究员和王元院士共同提出了"均匀设计"(uniform design,UD)。文章最初于 1978 年发表在中国科学院数学研究所的内部通讯上,后来中、英文稿分别发表在《应用数学学报》和《科学通报》上。以下引用人民日报(1993 年 11 月 29 日 星期一 第 3 版)的一篇报道,介绍均匀设计的创立。

"均匀设计"应用十二年成效斐然
应用开发路遥知马力　基础研究妙笔巧生花

本报讯　据中国科学报报道:中国科学院应用数学所研究员方开泰和中国科学院学部委员王元 12 年前将数论与多元统计相结合创立的一种全新的

试验设计方法——"均匀设计",现已在国内诸多的领域应用,取得了丰硕的成果和巨大的效益,并得到了国际数学界的高度评价。

　　在工农业生产和科学研究中,经常需要做试验,如何设计试验,各国科学家都在进行艰苦的探索。20世纪70年代以来,我国广为流传和普遍使用的"优选法"和"正交设计",都是科学的试验方法。然而世界上的事物是复杂和千变万化的,在一些课题中,需要考察的因素较多,且每个因素变化的范围较大,从而要求每个因素有较多的水平(在安排试验时,每个因素要选择一个试验范围,然后在试验范围内挑出几个有代表性的值来进行试验,这些值称为该因素的水平),这一类问题若采用现在流行的方法,则需要做很多次试验,不但周期长,而且投入可观,常令使用者望而生畏。1978年,我国一项军事工程在设计中提出了5个因素的试验,要求每个因素多于10个水平,而试验总次数不超过50次。采用正交设计,做5个因素,31个水平,其试验次数将是961次,显然不能满足要求。与此同时,在农业选种试验中也出现水平数大于12的因素。实践向科学家提出了新的难题,如何寻求用最短的时间和最少的次数,达到完整全面的试验效果。方开泰、王元两位颇具造诣的数学家经过潜心切磋,决定把50年代末华罗庚等发展的数论方法应用于试验设计。3个多月后,一个全新的试验设计方法——"均匀设计"诞生了,并首次在几项航天工程的设计中得到验证。1981年由方开泰、王元合写的"均匀设计"一文在"科学通报"上正式发表。

　　10余年来,"均匀设计"已在国内广泛应用于军事工程、医药工业、化学工业、纺织工业、冶金工业、电子工业等诸多的领域,取得了显著的成效。20世纪80年代,在几项航天工程的设计中由于采用"均匀设计"法和其他高技术,使其连续获得了空前的好成绩,先后荣获了国家科技进步二等奖、三等奖和特等奖。北京的一家公司采用均匀设计法,对花200万美元引进的"可溶塑料"生产技术中的专利配方进行成功的修改;现在该公司年产可溶塑料产品1 500吨,每吨售价2 000美元,全部出口,一年便收回进口生产技术的成本。东北制药总厂1986年组织了均匀设计学习班,1991年该厂结合计算机软件包的研制,完成10余项课题的试验设计,实际效益在百万元以上。在国际上,"均匀设计"法已得到承认和应用,并引起国际数学界的高度重视。由方开泰、王元合著,以论述"均匀设计"为主要内容的40万字的《统计中的数论方法》一书,将于年底由英国卡帕兰-霍尔出版社出版。

　　"均匀设计"是我国独创的一种重大的科学试验方法,其应用目前尚处于自发状态,有关专家呼吁,应尽快成立中国均匀设计学会,以组织和推动进一步在全国各行业中的推广和普及,促其在国民经济中发挥作用。

　　近 10 年来,均匀设计在国内的应用日益广泛,成功的案例与日俱增,读者不难从各种文献中发现这些案例。近几年来,均匀设计走向国际,有关均匀设计和均匀性的文章在国际刊物上已发表了几十篇。国际上的一些大公司都纷纷开始引入均匀设计,例如美国福特汽车公司正将均匀设计作为他们推行 6 Sigma 以及研制新型引擎的常规方法,福特汽车公司的工程经理 A. Sudjianto,邀请方开泰教授两次去福特汽车公司讲学,并合作课题,他在邀请信中写道:

In the past few years, we have tremendous in using Uniform Design for computer experiments. The technique has become a critical enabler for us to execute "Design for Six Sigma" to support new products developments, in particular, automotive engine design. Today, computer experiments using uniform design have become standard practice at Ford Motor Company to support early stage of product design before hardware is available. We would like to share with you our successful real world industrial experiences in applying the methodology that you developed. Additionally, your visit will be very valuable for us to gain more insight about the methodology as well as to learn the latest development in the area.

　　福特汽车公司是美国最大的三家汽车公司之一,均匀设计在福特汽车公司的成功运用,将会产生巨大的回响。

6.1.2　均匀设计表

　　均匀设计和正交设计相似,也是使用一套精心设计的表格安排实验。只要了解了这些均匀设计表,用均匀设计安排实验就是很简单的事情了。

1　均匀设计的特点

　　每一个方法都有其局限性,正交设计也不例外,它适用于因素数目较多而因素的水平数不多的实验。正交设计的实验次数至少是因素水平数的平方,若在一项实验中有 s 个因素,每个因素各有 q 个水平,用正交设计安排实验至少要做 q^2 个实验。当 q 较大时,实验次数就很大,使实验工作者望而生畏。例如 $q=10$ 时,实验次数为 100。对大多数实际问题,要求做 100 次实验是太多了! 对这一类实验,均匀设计是非常有用的。

　　所有的实验设计方法本质上就是在实验的范围内给出挑选代表点的方法。正交设计是根据正交性准则来挑选代表点,使这些点能反映实验范围内各因素和实验指标的关系。正交设计在挑选代表点时有两个特点:均匀分散性和整齐可比性。"均匀分散"使实验点有代表性;"整齐可比"便于实验数据的分析。为了保证"整齐可比"的特点,正交设计必须至少要做 q^2 次实验。若要减少实验的数目,只有去掉整齐可比的要求。

　　均匀设计就是只考虑实验点在实验范围内的均匀分散性,而去掉整齐可比性的一种实验设计方法。它的优点是当因素数目较多时所需要的实验次数也不多。实际上均匀设计的实验次数可以是因素的水平数目,或者是因素的水平数目的倍数,而不是水平数目的平方。当然均匀设计也有其不足之处,由于不具有整齐可比性,对均匀设计的实验结果不能做直观分析。需要用回归分析的方法对实验数据做统计分析,以推断最优的实验条件,这就要求实验分析人员必须具有一定的统计知识。

2　均匀设计表

　　每一个均匀设计表有一个代号 $U_n(q^s)$ 或 $U_n^*(q^s)$,其中"U"表示均匀设计,n 表示要做 n 次实验,q 表示每个因素有 q 个水平。实验次数就是因素水平数目的均匀设计表,记为 $U_n(n^s)$ 或 $U_n^*(n^s)$;s 表示该表有 s 列。表 6.1(1)是均匀设计表 $U_7(7^4)$,它告诉我们,用这张表安排实验要做 7 次实验,这张表共有 4 列,最多可以安排 4 个因素。

表 6.1(1)　　均匀设计表 $U_7(7^4)$

实验号	1	2	3	4
1	1	2	3	6
2	2	4	6	5
3	3	6	2	4
4	4	1	5	3
5	5	3	1	2
6	6	5	4	1
7	7	7	7	7

　　每个均匀设计表都附有一个使用表,指示我们如何从设计表中选用适当的列,以及由这些列所组成的实验方案的均匀度。表 6.1(2)是均匀设计表 $U_7(7^4)$ 的使用表。从使用表中看到,若有 2 个因素,应选用 1,3 两列来安排实验;若有 3 个因素,应选用 1,2,3 这 3 列;若有 4 个因素,应选用 1,2,3,4 这 4

列安排实验。

表 6.1(2)　均匀设计表 $U_7(7^4)$ 的使用表

S	列　　号				D
2	1	3			0.239 8
3	1	2	3		0.372 1
4	1	2	3	4	0.476 0

均匀设计表的右上角加"＊"和不加"＊"代表两种不同类型的均匀设计表。加"＊"的均匀设计表有更好的均匀性,应优先选用。表 6.2(1)是均匀设计表 $U_7^*(7^4)$,表 6.2(2)是它的使用表。

表 6.2(1)　7 水平均匀设计表 $U_7^*(7^4)$

实验号	1	2	3	4
1	1	3	5	7
2	2	6	2	6
3	3	1	7	5
4	4	4	4	4
5	5	7	1	3
6	6	2	6	2
7	7	5	3	1

表 6.2(2)　均匀设计表 $U_7^*(7^4)$ 的使用表

S	列　　号			D
2	1	3		0.158 2
3	1	2	3	0.213 2

使用表的最后 1 列 D 是刻划均匀度的偏差(discrepancy)的数值,偏差值 D 越小,表示均匀度越好。

比较两个均匀设计表 $U_7(7^4)$ 和 $U_7^*(7^4)$ 及它们的使用表。今有两个因素,若选用 $U_7(7^4)$ 的 1,3 列,其偏差 $D=0.239\ 8$,选用 $U_7^*(7^4)$ 的 1,3 列,相应偏差 $D=0.158\ 2$,后者较小,应优先择用。有关 D 的定义和计算见参考文献[5,6],本书不做介绍,读者只要知道应优先择用偏差值 D 小的实验安排。

6.1.3　均匀设计表的构造

每一个均匀设计表都是一个长方阵,设长方阵有 n 行 m 列,每一列是{1,

$2,\cdots,n$}的一个置换(即 $1,2,\cdots,n$ 的重新排列),表的每一行是{$1,2,\cdots,n$}的一个子集,可以是真子集。

1 $U_n(n^s)$ 均匀设计表的构造

(1) 首先确定表的第 1 行。给定实验次数 n 时,表的第 1 行数据由 1 到 n 之间与 n 互素(最大公约数为 1)的整数构成。例如当 $n=9$ 时,与 9 互素的 1 到 9 之间的整数有 $1,2,4,5,7,8$;而 $3,6,9$ 不是与 9 互素的整数。这样表 $U_9(9^6)$ 的第 1 行数据就是 $1,2,4,5,7,8$。由此可见,均匀设计表的列数 s 是由实验次数 n 决定的。

(2) 表的其余各行的数据由第 1 行生成。记第 1 行的 r 个数为 $h_1,\cdots,h_r$,表的第 $k(k<n)$ 行第 j 列的数字是 kh_j 除以 n 的余数,而第 n 行的数据就是 n。

对于表 $U_9(9^6)$,第 1 列第 1 行的数据是 $h_1=1$,其第 1 列第 $k(k<9)$ 行的数字就是 k 除以 n 的余数,也就是 k,这样其第 1 列就是 $1,2,\cdots,9$。实际上,表 $U_n(q^s)$ 的第 1 列元素总是 $1,2,\cdots,n$。

表 $U_9(9^6)$ 第 2 列第 1 行的数据是 $h_2=2$,其第 2 列第 $k(k<9)$ 行的数字就是 $2k$ 除以 n 的余数,也就是 $2,4,6,8,1,3,5,7,9$。

给出均匀设计表的实验次数 n 和第 1 行后,就可以用 Excel 软件计算出其余各行的元素,例如对 $U_9(9^6)$ 表,先把实验号和列号输入到表中,再把第 1 行数据 $1,2,4,5,7,8$ 输入到区域"B2:G2"中,然后在"B3"单元格内输入公式"=MOD($A3*B$2,9)",再把公式复制到区域"B2:G9",而表中第 9 行的数据都输入 9,见表 6.3。

表 6.3 用 Excel 软件计算均匀设计表 $U_9(9^6)$

B3	▼	=	=MOD($A3*B$2,9)			
	A	B	C	D	E	F	G
1	实验号\列号	1	2	3	4	5	6
2	1	1	2	4	5	7	8
3	2	2	4	8	1	5	7
4	3	3	6	3	6	3	6
5	4	4	8	7	2	1	5
6	5	5	1	2	7	8	4
7	6	6	3	6	3	6	3
8	7	7	5	1	8	4	2
9	8	8	7	5	4	2	1
10	9	9	9	9	9	9	9

2　$U_n^*(n^s)$ 均匀设计表的构造

均匀设计表的列数是由实验次数 n（表的行数）决定的，当 n 为素数时可以获得 $n-1$ 列，而 n 不是素数时表的列数总是小于 $n-1$ 列。例如 $n=6$ 时只有 1 和 5 两个数与 6 互素，这说明当 $n=6$ 时用上述办法生成的均匀设计表只有 2 列，即最多只能安排两个因素，这太少了。为此，王元和方开泰建议将表 $U_7(7^6)$ 的最后一行去掉来构造 U_6。为了区别于由前面的方法生成的均匀设计表，把它记为 $U_6^*(6^6)$，在 U 的右上角加一个"＊"号。

若实验次数 n 固定，当因素数目 s 增大时，均匀设计表的偏差 D 也随之增大。所以在实际使用时，因素数目 s 一般控制在实验次数 n 的一半以内，或者说实验次数 n 要达到因素数目 s 的 2 倍。例如 U_7 理论上有 6 列，但是实际上最多只安排 4 个因素，所以我们见到的只有 $U_7(7^4)$ 表，而没有 $U_7(7^6)$ 表。

一个需要注意的问题是，U_n 表的最后一行全部由水平 n 组成，若每个因素的水平都是由低到高排列，最后一个实验将是所有最高水平相组合。在有些实验中，例如在化工实验中，所有最高水平组合在一起可能使反应过分剧烈，甚至爆炸。反之，若每个因素的水平都是由高到低排列，则 U_n 表中最后一个实验将是所有低水平的组合，有时也会出现反常现象，甚至化学反应不能进行。U_n^* 表的最后一行则不然，比较容易安排实验。

U_n^* 表比 U_n 表有更好的均匀性，但是当实验数 n 给定时，有时 U_n 表也可以比 U_n^* 表能安排更多的因素。例如对表 $U_7(7^4)$ 和表 $U_7^*(7^4)$，形式上看都有 4 列，似乎都可以安排 4 个因素，但是由使用表看到，用表 $U_7^*(7^4)$ 实际上最多只能安排 3 个因素，而表 $U_7(7^4)$ 则可以安排 4 个因素。故当因素数目较多，且超过 U_n^* 表的使用范围时可使用 U_n 表。

6.2　用均匀设计安排实验

以下用参考文献[13]中的用均匀设计优选三峡围堰柔性材料配合比实例，说明用均匀设计安排实验的方法。

1　项目概述

三峡二期围堰高 90 m，水下部分达 60 m。推荐方案用坝区风化沙砾填筑堰体，水下抛填至一定高度后分层压实，堰体形成后由冲击钻在堰体内造孔连续浇筑成防渗心墙。由于水下抛填的密实度不大，为了适应墙体较大的变形，要求增大墙体材料的柔性并保持一定的强度，且抗渗性好。由于三峡二期围堰是关系到三峡工程能否顺利建成的重要工程,其关键技术列入国家重点攻关项目,防渗墙体柔性材料就是其中的一项重要内容。长江科学院根据三峡坝区风化沙储量丰富的特点,提出采用三峡风化沙、当地黏土和适当水泥及少量外加剂与水拌和而成的柔性防渗心墙材料(以下简称柔性材料)的新课题,多年来进行了大量室内、室外实验研究,部分成果已用于三峡一期围堰等工程。

2　实验目的

按照 1993 年在武汉召开的"八五"攻关 C 子题工作会议讨论的意见,确定柔性材料的配合比设计及优选的攻关目标如下:

(1) 在弹性模量较低的范围内尽可能地提高强度,即"高强低弹",要求单轴抗压强度 $R28$ 达到 3.0 MPa~4.0 MPa,初始切线模量 800 MPa 左右,相应的模强比为 250 左右。

(2) 防渗性能好,渗透系数小于 10^{-7} cm/s。

(3) 拌和物流动性好,要求指标为:坍落度 18 cm~22 cm,1 h 后坍落度在 15 cm 以上,初凝时间不小于 6 h。

3　柔性材料的原材料组成

柔性材料的基本原料为三峡风化沙、当地黏土、水泥及少量外加剂。

(1) 风化沙。用三峡坝区花岗岩剧烈风化物,其天然状态的粒径一般小于 20 mm,其中大于 5 mm 的颗粒约占 1/3,小于 0.1 mm 的细粒料通常小于 5%,不均匀系数(C_u)为 8%~12%。在配制的柔性材料中,风化砂占大部分,约占柔性材料重量的 70%~80%。

(2) 土料。采用当地黏土,粘粒含量 38%,它在柔性材料中的百分含量约为 10% 左右,所用土料均需配制成一定密度的泥浆,以便拌和均匀。

(3) 水泥。实验中主要采用♯425 普通硅酸盐水泥,约占柔性材料重量的 10%~15%。

4　因素水平

柔性材料的配合比是指单位体积柔性材料中水泥、黏土、风化沙及水的用量(kg/m³),其中前三种为柔性材料原材料中的干料,是控制力学参数的关键因素;后者在前三种确定的情况下可用水胶比[水/(水泥+黏土)]的形式表达。配合比实验就是将前三种原材料的用量进行不同的搭配组合,经试拌确定水胶比后备样成型保护,按龄期测定其力学参数,据此优选满足要求的配合比。根据"七五"攻关及过去的柔性材料配合比实践,三种原材料中风化砂占大部分,水泥和黏土所占比例较少,但对材料的强度和弹性模量起极大作用。在柔性材料强度指标要求不高(如 $R28 < 2.0$ MPa)的情况下,比较容易找到弹性模量较小的配合比,而强度要求较高(如 $R28 > 3.0$ MPa)且弹性模量要求较低时,则需要在各原材料含量较宽的范围内详细考察它的力学性质,这样才有可能优选出满足要求的配合比。为此将各因素的含量范围适当扩大以控制各原材料含量可能出现的范围,并将各因素划分为 10 个水平,以便详细考察柔性材料的力学特性,见表 6.4。

表 6.4 因素水平表

因素 \ 水平	1	2	3	4	5	6	7	8	9	10
水泥 C	180	200	220	240	260	280	300	320	340	360
粘土 A	90	100	110	120	130	140	150	160	170	180
风化砂 F	1 200	1 250	1 300	1 350	1 400	1 450	1 500	1 550	1 600	1 650

5 实验的安排与实验结果

上述 3 因素 10 水平共有 1 000 组可能的组合,即全面实验要进行 1 000 次实验。采用均匀设计,因素数目 $s=3$,因素水平 $q=10$,选用 $U_{10}(10^8)$ 均匀设计表,只需做 10 次实验。从 $U_{10}(10^8)$ 的使用表查得 $s=3$ 时,使用 $U_{10}(10^8)$ 表的第 1,5,6 列来安排实验的均匀性最好,实验的安排与实验结果见表 6.5。

表 6.5 实验的安排与实验结果

实验号	水泥 C	黏土 A	风化沙 F	抗压强度	初始弹性模量	模强比
1	1	7	5	1.75	600	342
2	2	3	10	2.03	796	392
3	3	10	4	1.62	560	345
4	4	6	9	2.52	780	309
5	5	2	3	3.20	1 110	346
6	6	9	8	3.09	800	258
7	7	5	2	4.24	1 110	262
8	8	1	7	4.05	1 350	333
9	9	8	1	3.87	920	237
10	10	4	6	4.67	1 800	385

由表 6.5 看到,10 组初选配比中有 3 组配比即 $C_6 A_9 F_8$,$C_7 A_5 F_2$ 和 $C_9 A_8 F_1$ 的 $R28$ 抗压强度分别为 $3.09, 4.24, 3.87$ MPa,初始弹性模量分别为

800,1 110,920 MPa,模强比分别为 258,262 和 237,即 3 组配合比的水泥土的强度指标和模强比指标均达到了攻关目标,这表明上述实验设计是成功的。值得指出的是,对于本文的 3 因素 10 水平实验,如果用正交设计至少要做 100 次实验才能达到上述实验效果;如果只做 10 次实验,用正交设计方法只能将每个因素安排 3 个水平,由此可见均匀设计用于多因素多水平的实验设计具有很大的优越性。

6.3   均匀设计的实验结果分析

前面的例子中由实验结果直接可以看到符合要求的实验条件,由于均匀设计的实验次数相对较少,因而在多数场合下不能直接从实验中找到满意的实验条件,需要通过回归分析寻找最优实验条件,具体方法参见以下的两个例题。

例 6.1   冰片是中医临床应用上常用的药物之一,是一种半透明的颗粒状结晶体。在冰片粉碎过程中,由于研磨时产生热量,使其黏附在容器壁上形成团块,很难将其粉碎。为解决此问题,采用实验设计方法,考虑可能影响冰片微粉化的 4 个因素,名称和实验条件分别为:

滴加水量 X_1:20 ml～90 ml;

滴水速度 X_2:7 ml～9 ml/min;

乙醇用量 X_3:10 ml～25 ml;

真空干燥温度 X_4:25℃～50℃。

其中滴加水量 X_1 取 8 个水平,其余 3 个因素由于取值范围较小,只能各取 4 个水平,对这 3 个因素采用拟水平法,每个水平重复使用,形式上也是 8 个水平。因素水平见表 6.6,其中因素 X_2 的第 1,2 两个水平都是 7 ml/min,其余的拟水平方式与之相似,不再细说。

表 6.6   因素水平表

因素 \ 水平	1	2	3	4	5	6	7	8
X_1	20	30	40	50	60	70	80	90
X_2	7	7	8	8	8.5	8.5	9	9
X_3	10	10	15	15	20	20	25	25
X_4	25	25	30	30	40	40	50	50

选取 $U_8^*(8^5)$ 均匀设计表,根据其使用表的规定,选择其中的 1,2,3,5 列,

组成 $U_8^*(8^4)$ 表,把 X_1 的 8 个水平安排在第 1 列,其余 3 个因素按拟水平安排在后面的 3 列,实验的安排与实验结果见表 6.7。

表 6.7　实验设计与结果

实验号	因　　素				实验结果
	X_1	X_2	X_3	X_4	得率/%
1	20	7	15	50	41.8
2	30	8	25	50	45.3
3	40	8.5	15	40	57.7
4	50	9	25	40	61.3
5	60	7	10	30	77.4
6	70	8	20	30	81.2
7	80	8.5	10	25	91.3
8	90	9	20	25	94.8

从表中直接看到的好条件是第 8 号实验,得率是 94.8%,由于均匀设计表不具有整齐可比性,并且每个因素的极差都相等,因此不适于做直观分析。例如第 1 号实验和第 5 号实验中,X_2 的实际取值都是 7 ml/min,但是两个实验的得率分别是 41.8% 和 77.4%,相差很大。从直观分析不易得出因素的好水平。

对均匀设计结果的深入分析方法是采用回归分析。一般先使用多元线性回归,如果线性回归的效果不够好再使用多项式回归。当因素间存在交互作用时应该采用含有交叉项的多项式回归,通常是采用二次多项式回归。做回归分析时要使用因素的实际数值,而不要使用水平值。

首先做多元线性回归,用 SAS 软件做线性回归分析,计算程序为:

```
DATA JYSJ1;
INPUT x1 x2 x3 x4 y;
CARDS;
20    7    15    50    41.8
30    8    25    50    45.3
40    8.5  15    40    57.7
50    9    25    40    61.3
60    7    10    30    77.4
70    8    20    30    81.2
80    8.5  10    25    91.3
90    9    20    25    94.8
```

PROC REG；
MODEL y= x1 x2 x3 x4；RUN；

运算的输出结果见表 6.8(1)～6.8(3)，格式已经做过适当调整。限于篇幅，本书只对其中的几个主要项目做简要的解释。

表 6.8(1)　方差分析表

Source	DF	SS	MS	F-value	Prob>F
Model	4	2 870	717.6	9 229	0.000 1
Error	3	0.233 3	0.077 75		
Total	7	2 871			

表 6.8(2)　拟合效果表

Root MSE	0.278 84	*R-square*	0.999 9
Dep Mean	68.850 00	*AdjR-sq*	0.999 8
C. V.	0.405 00		

表 6.8(3)　回归系数表

Variable	DF	Parameter Estimate	Standard Error	T	Prob>|T|
INTERCEP	1	61.59	4.070	15.13	0.000 6
X_1	1	0.645 5	0.031 34	20.60	0.000 3
X_2	1	−1.050	0.197 7	−5.308	0.013 1
X_3	1	−0.208 4	0.037 52	−5.555	0.011 5
X_4	1	−0.443 2	0.078 84	−5.621	0.011 1

表 6.8(1)是方差分析表，本例共有 8 个实验数据，总自由度是 7，回归方程中含有 4 个自变量，自由度是 4，回归模型的 $P=0.000\ 1$，高度显著，说明回归是高度有效的。

表 6.8(2)是拟合效果表，其中调整的决定系数($AdjR\text{-}sq$)达到 99.98%，说明线性回归的总体效果是很好的。

表 6.8(3)是回归系数表，每个自变量的显著性概率 P 值都小于 0.05(X_2 的 $P=0.013\ 1$ 是最大者)，说明所有 4 个自变量都是显著有效的，该回归方程可以认为是最佳方程。回归方程为

$$y = 61.659 + 0.645\ 5X_1 - 1.050X_2 - 0.208\ 4X_3 - 0.443\ 2X_4$$

在此回归方程中，X_1 的回归系数 0.645 5 是正值，为使 y 达到最大应取其

最大值 $X_1 = 90$ ml, X_2, X_3, X_4 的回归系数是负值,为使 y 达最大应分别取其最小值 $X_2 = 7.0$ ml/min, $X_3 = 10$ ml, $X_4 = 25℃$。对这组优化条件做验证实验,得收率为 98.9%。用均匀设计只做了 8 次实验就找到了最优条件。

例 6.2　维生素 C 注射液因长期放置会逐渐变成微黄色,中国药典规定可以用焦亚硫酸钠等作为抗氧剂。本实验考虑 3 个因素,分别是酶EDTA(X_1)、无水碳酸钠(X_2)、焦亚硫酸钠(X_3),每个因素各取 7 个水平,选用 $U_7(7^4)$ 均匀设计表,取其中的第 1,2,3 列,实验安排与结果见表 6.9。

(1) 配制过程。首先在每 1 000 ml 蒸馏水中溶入 129 g 维生素 C,制成维生素 C 药液,然后在每份药液中按表 6.9 的因素水平配比,溶入药液,制成 7 份实验样品。

(2) 加速实验。对上述 7 份样品,在充氮气的情况下,加热到 83℃,保持605 分钟。

(3) 色度检查。取上述加速实验后的样品稀释成每 1 ml 中含维生素 C 50 mg 的溶液,在 420 nm 的波长处测定光波的吸收度。

(4) 实验结果。本例的实验响应变量是吸收度 y,取值越小越好,实验结果见表 6.9。

表 6.9　实验设计与结果

实验号	EDTA X_1/g	无水碳酸钠 X_2/g	焦亚硫钠 X_3/g	吸收度 y	$1/y$
1	0.00	30	0.6	1.160	0.862
2	0.02	38	1.2	0.312	3.205
3	0.04	46	0.4	0.306	3.263
4	0.06	26	1.0	1.318	0.759
5	0.08	34	0.2	0.877	1.140
6	0.10	42	0.8	0.147	6.803
7	0.12	50	1.4	0.204	4.902

直接看的好条件是第 6 号实验的条件,EDTA(X_1)取 0.10 g,无水碳酸钠(X_2)取 42 g,焦亚硫酸钠(X_3)取 0.8 g。以下用回归分析方法进一步寻找最优条件。

首先做线性回归,回归的计算程序参照例 6.1,得回归方程

$$y = 2.63 + 0.77X_1 - 0.052\,4X_2 - 0.087X_3$$

回归模型的 $P = 0.104\,0$;

决定系数(R-square)= 83.9%;

调整的决定系数$(AdjR\text{-}sq) = 67.8\%$。

可见线性回归的效果不够好,以下使用二次多项式回归。含有 s 个自变量的二次多项式回归的一般形式为:

$$y = B_0 + \sum_{i=1}^{s} B_i X_i + \sum_{i=1}^{s} B_{ii} X_i^2 + \sum_{i<j} B_{ij} X_i X_j + \varepsilon$$

除了常数项 B_0 以外,方程共有 $s(s+3)$ 个未知参数,具体数值为

s	1	2	3	4	5	6	7	8	9	10
参数数目	2	5	9	14	20	27	35	44	54	65

若使回归系数的估计有可能,必要条件为 $n > 1 + s(s+3)/2$。

由于均匀设计的实验次数 n 较小,所以当因素数目 s 较大时,通常不能满足 $n > 1 + s(s+3)/2$ 这个估计回归参数的必要条件,于是需要采用逐步回归技术从方程中选择贡献显著的项。

SAS 软件有逐步回归的功能,读者即使对逐步回归方法不了解,也可以按照软件计算出最终的回归方程。

本例 $n = 7, s = 3$,不满足估计回归参数的必要条件,需要用逐步回归,回归方程的具体形式是:

$$y = B_0 + B_1 X_1 + B_2 X_2 + B_3 X_3 + B_{11} X_1^2 + B_{22} X_2^2 + B_{33} X_3^2 +$$
$$B_{12} X_1 X_2 + B_{13} X_1 X_3 + B_{23} X_2 X_3$$

上面的回归方程中,y 对自变量不是线性的,从形式上看不是线性回归。实际上只要按下面的方式做简单的变量替换:

$X_{11} = X_1^2, X_{22} = X_2^2, X_{33} = X_3^2, X_{12} = X_1 X_2, X_{13} = X_1 X_3, X_{23} = X_2 X_3$

就可以转化为 9 个自变量的线性回归。变换结果见表 6.10。

表 6.10   回归变量表

X_1	X_2	X_3	X_{11}	X_{22}	X_{33}	X_{12}	X_{13}	X_{23}	y
0.00	30	0.6	0.000 0	900	0.360	0.00	0.000	18.0	1.160
0.02	38	1.2	0.000 4	1 444	1.440	0.76	0.024	45.6	0.312
0.04	46	0.4	0.001 6	2 116	0.160	1.84	0.016	18.4	0.306
0.06	26	1.0	0.003 6	676	1.000	1.56	0.060	26.0	1.318
0.08	34	0.2	0.006 4	1 156	0.040	2.72	0.016	6.8	0.877
0.10	42	0.8	0.010 0	1 764	0.640	4.20	0.080	33.6	0.147
0.12	50	1.4	0.014 4	2 500	1.960	6.00	0.168	70.0	0.204

SAS 计算程序为：

```
DATA JYSJ1；
    INPUT X1 X2 X3 X11 X22 X33 X12 X13 X23 y；
    CARDS；
0.00    30    0.6    0.0000    900     0.360    0.00    0.000    18.0    1.160
0.02    38    1.2    0.0004    1444    1.440    0.76    0.024    45.6    0.312
0.04    46    0.4    0.0016    2116    0.160    1.84    0.016    18.4    0.306
0.06    26    1.0    0.0036    676     1.000    1.56    0.060    26.0    1.318
0.08    34    0.2    0.0064    1156    0.040    2.72    0.016    6.8     0.877
0.10    42    0.8    0.0100    1764    0.640    4.20    0.080    33.6    0.147
0.12    50    1.4    0.0144    2500    1.960    6.00    0.168    70.0    0.204
PROC REG；
    MODEL y＝X1 X2 X3 X11 X22 X33 X12 X13 X23/SELECTION＝STEPWISE；
RUN；
```

逐步回归的输出结果内容很多，本书把主要的内容摘要列在表 6.11 中。从输出结果看到，逐步回归共进行了 3 步，依次选入了 X_2，$X_{22} = X_2^2$，X_3 共 3 个变量，第三个回归方程是：

$$y = 7.311 - 0.303X_2 + 0.003\,36X_2^2 - 0.29X_3$$

回归方程的决定系数 R-square ＝ 97.11%。

表 6.11　逐步回归的输出结果

Step	1	2	3
Constant	2.579	5.957	7.311
X_2	−0.052	−0.238	−0.303
F	24.66	7.38	20.13
Prob＞*F*	0.004	0.053	0.021
X_{22}		0.002 45	0.003 36
F		4.56	5.19
Prob＞*F*		0.100	0.033
X_3			−0.29
F			14.07
Prob＞*F*			0.107
R-square	83.14	92.12	0.971 1

可见二次多项式回归的效果明显好于线性回归的效果，但是决定系数 97.11% 仍不是很高，此回归模型中含有 4 个参数，实验次数 $n = 7$，仍然可以

再增加自变量的数目,方法是把程序语句"MODEL y＝X1 X2 X3 X11 X22 X33 X12 X13 X23/SELECTION＝STEPWISE;"的后面再加上"SLENTRY＝0.30",整个语句为"MODEL y ＝ X1 X2 X3 X11 X22 X33 X12 X13 X23/ SELECTION＝STEPWISE SLENTRY＝0.30;"。其中"SLENTRY"表示进入的显著性水平(significance level of entry),然后重新运行,得输出结果(摘要),见表6.12。

表 6.12　逐步回归的输出结果

Step	1	2	3	4	5
Constant	2.579	5.957	7.311	7.873	9.165
X_2	−0.051 6	−0.237 6	−0.303 4	−0.312 6	−0.378
$Prob > F$	0.004	0.053	0.021	0.030	0.016
X_{22}		0.002 45	0.003 36	0.003 23	0.004 6
$Prob > F$		0.100	0.033	0.048	0.019
X_3			−0.292	−1.115	−1.430
$Prob > F$			0.107	0.168	0.033
X_{23}				0.020 6	0.031 7
$Prob > F$				0.251	0.039
X_{13}					−2.33
$Prob > F$					0.058
R-square	83.14	92.12	97.11	98.73	99.99

此时的逐步回归共进行了 5 步,依次选入了 X_2,$X_{22}=X_2^2$,X_3,$X_{23}=X_2X_3$,$X_{13}=X_1X_3$ 共 5 个变量,共计算出 5 个回归模型,首先看引入变量的顺序,第一个回归模型最先选入的是 X_2,说明无水碳酸钠的含量是最重要的影响因素;第二个回归模型再选入的是 $X_{22}=X_2^2$,进一步说明无水碳酸钠的含量是最重要的影响因素,并且说明 y 与 X_2 的关系是非线性的,第二个回归方程是:

$$y = 5.975 - 0.237\ 5X_2 + 0.002\ 45X_2^2$$

容易求出此方程在 $X_2=48.5\approx48$ 时达极小值 $y=0.197$,比第 6 号实验值 $y=0.147$ 略高。

再看第三个回归方程:

$$y = 7.311 - 0.303X_2 + 0.003\ 36X_2^2 - 0.29X_3$$

为使 y 值最小,X_3 应该最大,取 $X_3=1.4$,X_2 的取值与 X_3 无关,容易求出此方程在 $X_2=45.1\approx45$,$X_3=1.4$ 时达极小值 $y=0.074$,低于第 6 号实验值 $y=0.147$。

第四个回归方程是:

$$y = 7.873 - 0.312\ 6X_2 + 0.003\ 23X_2^2 - 1.115X_3 + 0.020\ 6X_2X_3$$

y 是 X_3 的单调减函数,极值在 X_3 的边界达到。在回归方程含有 X_3 的两项 $-1.115\ X_3 + 0.020\ 6\ X_2X_3$ 中,当 $X_2 \leqslant 54$ 时是 X_3 的减函数,根据对第二和第三两个回归方程的分析,两个方程中 X_2 的最优解分别是 48 和 45,所以有理由认为 $X_2 \leqslant 54$,y 是 X_3 的减函数,X_3 越大 y 越小,因此取 $X_3 = 1.4$。

将 y 对 X_2 求偏导数并令其为零,得方程

$$\frac{\partial y}{\partial X_2} = -0.312\ 6 + 0.006\ 46X_2 + 0.020\ 6X_3 = 0$$

把 $X_3 = 1.4$ 代入以上方程中,解得 $X_2 = 43.9 \approx 44$,所以第四个回归方程的最优组合是 $X_2 = 44$,$X_3 = 1.4$,此时最优预测值 $y = 0.080$,与第三个回归方程的最优解基本相同。

第五个回归方程:

$$y = 9.16 - 0.379X_2 + 0.004\ 06X_2^2 - 1.43X_3 + 0.031\ 7X_2X_3 - 2.33X_1X_3$$

其中包含了变量 X_1,并且是作为与 X_3 的交互作用形式出现,说明酶 EDTA 对实验指标本身没有影响,只是通过焦亚硫酸钠对实验产生弱的影响。仿照对第四个回归方程求最优解的方法,首先确定 X_1 和 X_3 是 y 的减函数,分别取最大值 $X_1 = 0.12$ 和 $X_3 = 1.4$,然后再解得 $X_2 = 41.2 \approx 41$。最优预测值 $y = -0.128 < 0$,可以视为接近 0。

比较第三、四、五这 3 个回归模型,回归方程的决定系数分别是: 97.11%,98.73%,99.99%,从回归的效果看第五个回归的效果最好,但是有 6 个估计参数,而 y 的数据只有 7 个,所以估计的误差会较大。

第三、四两个回归模型的实验条件基本相同,预测值也很接近,约为 0.080,明显小于第 6 号实验的吸收度 $y = 0.147$,是一组稳定的好条件,见表 6.13。

表 6.13　吸收度的最优实验条件

回归模型	最优搭配			最优预测值
	X_1/g	X_2/g	X_3/g	
二	0.00	48	0.0	0.197
三	0.00	45	1.4	0.074
四	0.00	44	1.4	0.080
五	0.12	41	1.4	0.000

本例的参考文献[17]对吸收度 y 值先取了倒数作为实验指标,其数值越大越好,然后建立回归方程。这样做的好处是避免了本例回归模型五预测值为负值的情况,但是回归方程的效果不好。文献中得到的最优条件是 $X_1 = 0.12, X_2 = 38, X_3 = 1.4$,和本例第五个模型比较接近。

6.4   均匀设计的灵活应用

前面介绍了均匀设计的基本方法,由于实际问题千变万化,很多场合需要把均匀设计灵活地运用到不同的问题,本节从三个方面谈谈灵活运用均匀设计的方法。

6.4.1   水平数较少的均匀设计

当因素水平较少时,要使用实验次数大于因素水平数目的均匀设计表 $U_n(q^s)$,不要使用实验次数等于因素水平数目的均匀设计表 $U_n(n^s)$ 或 $U_n^*(n^s)$。因为实验的次数太少就不能有效地对实验数据做回归分析。这时可以把实验的次数定为因素水平数目的 2 倍。

例如有 $s = 4$ 个因素,每个因素的水平数目 $q = 5$,这时需要安排 $n = 10$ 次实验。为此,一个简单的方法是采用拟水平法,把 5 个水平的因素虚拟成 10 个水平的因素,使用均匀设计表 $U_{10}^*(10^8)$ 安排实验,但是这种方法的均匀性不够好。实际上这个问题可以直接使用 $U_{10}(5^s)$ 均匀设计表安排实验。对一般的实验次数大于因素水平数目的问题可以直接使用 $U_n(q^s)$ 均匀设计表安排实验。

表 6.14 中列出了因素的水平数目 $q = 5$,实验次数 $n = 10$ 时,因素数目 $s = 2$ 到 10 的 9 个均匀设计表。这种情况如果采用正交设计安排实验,要用 $L_{25}(5^6)$ 正交表,需要做 25 次实验,并且最多只能安排 6 个因素。而用均匀设计,只需要做 10 次实验,并且最多可以安排 10 个因素。

其他的实验次数 n 大于因素水平数目 q 的 $U_n(q^s)$ 均匀设计表,可以从网站 http://www.math.hkbu.edu.hk/UniformDesign 下载。

对因素数目 $s = 2$ 的简单情况,图 6.1(a) 是按照拟合水平法使用 $U_{10}^*(10^8)$ 的第 1、6 两列安排的实验点,图 6.1(b) 是直接使用 $U_{10}(5^2)$ 表安排的实验。不难看出后者具有更好的均匀性,其中表 $U_{10}(5^2)$ 在中心位置(两个因素都取 3 水平)安排了两次实验,其他实验点均匀分布在四周;而拟合水平法的实验点略偏于左上部和右下部,在斜对角线上(包括中心位置)没有安排实验点。

表 6.14　5 水平 10 次实验的均匀设计表(2~10 个因素)

```
4 5   2 5 5   1 2 3 1   3 1 2 4 5
5 2   4 1 5   2 1 4 5   2 3 5 2 5
1 2   5 2 2   5 4 2 1   5 2 4 1 3
3 3   4 5 1   3 3 4 3   3 5 2 1 2
3 3   3 3 3   4 5 3 5   2 1 3 2 1
2 1   2 1 1   3 3 2 3   4 3 1 5 2
1 4   5 4 4   1 4 1 4   5 5 3 4 4
4 1   3 3 3   5 2 5 4   1 4 1 3 4
2 5   1 2 4   4 1 1 2   1 2 4 5 3
5 4   1 4 2   2 5 5 2   4 4 5 3 1
```

```
1 5 3 2 1 3   4 5 1 2 1 2 3   5 2 5 3 3 5 4 2
2 3 5 1 4 4   1 3 5 2 4 2 1   3 3 3 5 5 4 1 1
3 5 4 5 5 3   3 1 2 3 5 1 4   1 2 2 2 1 3 3 1
4 4 1 3 2 5   5 2 2 3 3 3 1   2 4 4 1 2 5 2 4
5 4 4 2 3 1   4 2 5 3 2 5 4   1 5 5 3 5 1 3 3
1 3 1 4 4 1   5 4 4 1 4 3 5   4 1 3 3 1 1 1 5
3 1 2 1 2 2   2 4 3 4 2 4 2   4 1 2 1 3 1 1 5
4 2 5 4 1 2   1 3 1 4 3 4 5   5 5 1 4 2 3 2 3
5 2 2 3 5 4   2 4 4 5 2 1 3   2 1 1 4 4 4 4 4
2 1 3 5 3 5   3 5 3 4 5 5 2   3 3 4 5 1 2 5 5
```

```
4 5 3 5 4 4 1 2 4   4 3 3 2 5 1 1 2 1 4
5 2 2 2 4 5 5 3 2   3 3 4 2 2 5 5 5 2 5
2 2 5 3 2 4 4 1 5   3 1 5 1 3 4 2 1 4 2
2 1 4 1 5 3 1 4 3   2 5 4 5 4 3 2 3 5 5
4 3 4 2 1 1 2 2 1   1 4 5 4 3 2 4 2 2 1
3 5 1 1 3 1 4 3 5   2 4 1 1 1 1 3 4 4 3
1 3 1 4 5 2 3 1 2   5 2 3 3 4 2 5 5 5 2
3 4 5 5 3 5 4 1 1   1 1 2 4 5 4 3 4 1 3
1 4 3 4 1 2 5 2 3   5 5 2 3 3 4 1 1 1 1
5 1 3 4 2 2 3 5 4   4 2 1 5 1 3 4 1 3 4
```

6.4.2　混合水平的均匀设计

前面例 6.1 的实验就是一个混合水平的均匀设计,其中滴加水量 X_1 取 8

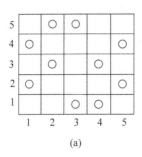 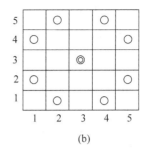

(a)　(b)

图 6.1　均匀性示意图

个水平,其余 3 个因素各取 4 个水平,对这 3 个 4 水平的因素采用拟水平法,每个水平重复使用,形式上也是 8 个水平。这是混合水平均匀设计的一种常用的处理方法。参考文献[5]中列出了 243 张混合水平均匀设计表,限于篇幅,本书没有列出这些表。

混合水平的情况多种多样,这 243 张混合水平均匀设计表也不能把所有的情况都包含在内。读者在实际应用中可以根据现有的均匀设计表,用拟水平法生成所需的混合水平均匀设计表。

6.4.3　含有定性因素的均匀设计

实验因素按照计量方式的不同可以分为定量因素和定性因素。上一节所研究的均匀设计中的因素都是定量因素,例如剂量、速度、温度等;定性因素也常常出现在各种实验之中,如催化剂种类、水稻品种、金属材料品种等。均匀设计需要用回归模型来拟合实验数据,定性因素就必须用伪变量的处理方法,下面用一个简化的例子具体说明。

例 6.3　考虑影响某农作物产量的 3 个因素;施肥量 x 分为 12 个水平(70,74,78,82,86,90,94,98,102,106,110,114);种子播种前浸种时间 t 分为 6 个水平(1,2,3,4,5,6);土壤类型 A 分为 4 个水平。前两个为定量因素,后一个为定性因素。用表 6.15 的混合水平均匀设计表 $U_{12}(12 \times 6 \times 4 \times 3)$ 的前 4 列安排实验,实验的安排与实验结果见表 6.16。

这个例子选自参考文献[6]的例 3.5,原例题考虑了两个定性因素,第二个定性因素是种子品种,含 3 个水平。最终的回归分析结果表明种子品种对实验的影响较小,为了回归分析的简便,本例去掉了种子品种这个定性因素。

表 6.15 $U_{12}(12 \times 6 \times 4 \times 3)$

实验号	1	2	3	4
1	1	1	1	3
2	2	2	2	3
3	3	3	3	3
4	4	4	4	3
5	5	5	1	2
6	6	6	2	2
7	7	1	3	2
8	8	2	4	2
9	9	3	1	1
10	10	4	2	1
11	11	5	3	1
12	12	6	4	1

表 6.16 实验的安排与实验结果

实验号	x	t	A	y
1	70	1	A_1	771
2	74	2	A_2	901
3	78	3	A_3	899
4	82	4	A_4	927
5	86	5	A_1	1 111
6	90	6	A_2	1 171
7	94	1	A_3	1 053
8	98	2	A_4	1 069
9	102	3	A_1	1 187
10	106	4	A_2	1 220
11	110	5	A_3	1 062
12	104	6	A_4	974

对这个实验结果做回归分析的关键是把定性因素 A 用伪变量表示,A 因素是 4 水平的因素,用 3 个变量表示:

$$A_1 = \begin{cases} 1, & A \text{ 因素是 1 水平}, \\ 0, & \text{其他}; \end{cases} \qquad A_2 = \begin{cases} 1, & A \text{ 因素是 2 水平}, \\ 0, & \text{其他}; \end{cases}$$

$$A_3 = \begin{cases} 1, & A \text{ 因素是 3 水平}, \\ 0, & \text{其他}。 \end{cases}$$

从形式上看,A 因素是 4 水平的因素,应该再引入一个变量 A_4,但是 $A_1 + A_2 + A_3 + A_4 = 1$ 构成完全共线性的关系,或者说变量 A_4 可以完全由 A_1, A_2, A_3 决定,所以对 4 水平的定性因素 A 只引入 3 个伪变量 A_1, A_2, A_3。

首先用 y 对 5 个自变量 x, t, A_1, A_2, A_3 做线性回归见表 6.17,得判定系数 R-square $= 0.738\ 0$,回归模型的 $P = 0.085\ 1$,回归效果不显著,改用二次多项式回归。回归的自变量为

$$x, t, A_1, A_2, A_3, x_{22} = x^2, t_{22} = t^2, x\,t, xA_1, xA_2, xA_3, tA_1, tA_2, tA_3$$

表 6.17 回归变量

实验号	x	t	A_1	A_2	A_3	y
1	70	1	1	0	0	771
2	74	2	0	1	0	901
3	78	3	0	0	1	899
4	82	4	0	0	0	927
5	86	5	1	0	0	1 111
6	90	6	0	1	0	1 271
7	94	1	0	0	1	1 053
8	98	2	0	0	0	1 069
9	102	3	1	0	0	1 187
10	106	4	0	1	0	1 220
11	110	5	0	0	1	1 062
12	104	6	0	0	0	974

由于 $A_1^2 = A_1$,$A_1 A_2 \equiv 0, \cdots$,所以这些定性变量的平方项和交互作用项不必引入。采用逐步回归,输出结果见表 6.18。

表 6.18 逐步回归的输出结果

Step	3	4	5	6	7
Constant	287.4	$-1\ 686$	$-1\ 860$	$-1\ 910$	$-2\ 129$
x	7.433	52.34	55.85	55.97	61.15
Prob>F	0.000 4	0.017 8	0.001 4	0.000 5	0.000 1
tA_2	35.58	31.95	38.78	38.56	41.46
Prob>F	0.003 5	0.002 1	0.000 1	0.000 1	0.000 1
tA_1	37.39	31.36	35.40	33.30	36.04
Prob>F	0.008 9	0.007 9	0.000 4	0.000 3	0.000 1
X_{22}		$-0.249\ 2$	$-0.262\ 8$	$-0.265\ 0$	$-0.294\ 4$
Prob>F		0.033 0	0.003 1	0.001 0	0.000 1

续表

Step	3	4	5	6	7
t_{22}			-2.724	-8.110	-7.256
$Prob>F$			0.008 9	0.010 6	0.001 0
t				40.39	32.28
$Prob>F$				0.041 9	0.006 7
tA_3					8.535
$Prob>F$					0.006 9
R-square	0.878 2	0.939 2	0.982 2	0.992 8	0.999 0

二次多项式逐步回归的第 7 步判定系数 R-square＝0.999 0,拟合效果非常好。回归方程中引入了 7 个自变量,回归方程为:

$$y = -2\ 129 + 61.15x - 0.294\ 4x^2 + 32.28t - 7.256t^2 +$$
$$36.04tA_1 + 41.46tA_2 + 8.535tA_3$$

从回归方程中看到,x 与 A 之间没有交互作用,x 与 t 之间也没有交互作用,而 t 与 A 之间存在交互作用。以下寻找使 y 达到极大值的最优条件。

(1) x 的最优值是 $x=61.15/(2\times0.294\ 4)=103.8\approx104$。

(2) 变量 A_1,A_2,A_3 都是与 t 交互作用出现的,tA_2 的系数 41.46 最大,所以土壤类型 A 以水平 2 最好。

(3) 给定土壤类型 A_2 时,回归方程中与 t 有关的项是 $(32.28+41.46)t-7.256t^2$,t 的最优值是 $(32.28+41.46)/(2\times7.256)=5.081\approx5$。

在二次多项式逐步回归中还有第 8、9 两步,第 8 步引入了交互作用项 xt,这导致 x^2 项不再显著,在第 9 步被剔除。第 9 步所得的最终回归模型的判定系数 R-square＝0.999 6,与第 7 步回归模型的判定系数相比,提高的幅度很小,并且使回归方程不容易解释,求极值变得复杂。在实际工作选择最优回归模型时,要综合考虑各方面的因素,不必局限于逐步回归最终的回归方程。

6.5　配方均匀设计

配方设计在化工、食品、材料以及医药等领域中十分重要,关于配方设计目前已经有许多有用的方法,如单纯形格子点设计(simplex-lattice design),单纯形重心设计(simplex-centroid design),轴设计(axial design)等,但是这些方法都存在各自的缺陷,本节仅介绍配方均匀设计。

6.5.1 配方均匀设计

▶定义 6.1　设某产品有 s 种原料 $M_1,\cdots,M_s$,它们在产品中的百分比分别记作 $X_1,\cdots,X_s$。满足条件 $X_1\geqslant0,\cdots,X_s\geqslant0,X_1+\cdots+X_s=1$。寻找最佳配方的实验设计称为配方设计或混料设计。

配方均匀设计的思想就是使 n 个实验点在实验范围内尽可能均匀地分布,由于原料成分间有约束条件 $X_1+\cdots+X_s=1$,所以不能使用前面介绍的一般情况的实验设计方法。如果原料成分中有一两个因素占据主要地位,例如蛋糕的配方,面粉和水的比例很大,而牛奶、糖、鸡蛋、巧克力等的比例很小,若实验的目的只需要决定牛奶、糖、鸡蛋和巧克力的比例,可将它们看作独立的因素进行实验设计,最后由面粉和水来"填补",使之成为 100% 的完整配方。这种方式在实际中广为应用,其原因是方法简单。但是有相当多的混料实验不能用这种方法。

配方均匀设计的步骤如下:

(1) 首先找到均匀设计表 $U_n^*(n^{s-1})$ 或 $U_n(n^{s-1})$,用 $\{u_{kj}\}$ 记表中第 k 行第 j 列的元素。

(2) 对每个 k 和 j,计算

$$c_{kj}=\frac{u_{kj}-0.5}{n},\quad j=1,\cdots,s-1;\ k=1,\cdots,n$$

(3) 计算

$$g_{kj}=\sqrt[s-j]{c_{kj}},\quad j=1,\cdots,s-1;\ k=1,\cdots,n$$

(4) 计算

$$x_{k1}=1-g_{k1},\quad k=1,\cdots,n$$

(5) 计算

$$x_{kj}=g_{k1}g_{k2}\cdots g_{k,j-1}(1-g_{kj}),\quad j=2,\cdots,s-1;\ k=1,\cdots,n$$

(6) 计算

$$x_{ks}=g_{k1}g_{k2}\cdots g_{k,s-1},\quad k=1,\cdots,n$$

所得 $\{x_{kj}\}$ 就是对应 n 次实验,s 种原料的配方均匀设计,用记号 $UM_n(n^s)$ 表示。

表 6.19 是对 $n=11,s=3$ 时生成 $UM_{11}(11^3)$ 的过程,这时上述计算公式

有如下简单形式：

$$c_{kj} = \frac{u_{kj} - 0.5}{11}, \quad j = 1,2; \; k = 1,\cdots,11$$

$$g_{k1} = \sqrt{c_{k1}}; \quad g_{k2} = c_{k2}$$

$$x_{k1} = 1 - \sqrt{c_{k1}}$$

$$x_{k2} = \sqrt{c_{k1}}(1 - c_{k2})$$

$$x_{k3} = \sqrt{c_{k1}}\, c_{k2}$$

表 6.19　$UM_{11}(11^3)$ 及其生成过程

实验号	u_1	u_2	c_1	c_2	x_1	x_2	x_3
1	1	7	1/22	13/22	0.787	0.087	0.126
2	2	3	3/22	5/33	0.631	0.285	0.084
3	3	10	5/22	19/22	0.523	0.065	0.412
4	4	6	7/22	11/22	0.436	0.282	0.282
5	5	2	9/22	3/33	0.360	0.552	0.087
6	6	9	11/22	17/22	0.293	0.161	0.546
7	7	5	13/22	9/22	0.231	0.454	0.314
8	8	1	15/22	1/22	0.174	0.788	0.038
9	9	8	17/22	15/22	0.121	0.280	0.599
10	10	4	19/22	7/22	0.071	0.634	0.296
11	11	11	21/22	21/22	0.023	0.044	0.993

编写产生 $UM_n(n^s)$ 表的程序很简单，可以通过 Excel 软件的简单计算而得到，因此无需列出各种配方均匀设计表。

例 6.4　酸洗缓蚀剂由 $s = 4$ 种原料混合而成，分别是：六次钾基四胺（X_1），硫氰酸钠（X_2），苯胺（X_3），表面活性剂（X_4）。采用配方均匀设计安排 $n = 11$ 次实验，实验指标是腐蚀速度 $y(\mathrm{g}/(\mathrm{m}^2 \cdot \mathrm{h}))$，越小越好。用 $U_{11}(11^4)$ 生成 $UM_{11}(11^4)$，表 6.20 是配方设计表的生成过程和实验结果。

$$g_{k1} = \sqrt[3]{c_{k1}}; \quad g_{k2} = \sqrt{c_{k2}}; \quad g_{k3} = c_{k3}$$

$$x_{k1} = 1 - \sqrt[3]{c_{k1}}; \quad x_{k2} = \sqrt[3]{c_{k1}}(1 - \sqrt{c_{k2}})$$

$$x_{k3} = \sqrt[3]{c_{k1}}\sqrt{c_{k2}}(1 - c_{k3}); \quad x_{k4} = \sqrt[3]{c_{k1}}\sqrt{c_{k2}}\, c_{k3}$$

由于 $X_1 + X_2 + X_3 + X_4 = 1$，所以在回归分析中只使用 3 个自变量 X_1、X_2、X_3。二次多项式逐步回归的最终回归方程是：

$$\hat{y} = 5.117\,8 - 5.967\,7 X_1 - 17.743 X_2 X_3$$

表 6.20　配方设计表的生成过程和实验结果

u_1	u_2	u_3	c_1	c_2	c_3	x_1	x_2	x_3	x_4	y
1	5	7	1/22	9/22	13/22	0.643 1	0.128 6	0.093 4	0.134 9	1.132 6
2	10	3	3/22	19/33	5/33	0.485 3	0.036 4	0.369 6	0.108 7	1.957 6
3	4	10	5/22	7/22	19/22	0.389 7	0.266 0	0.046 9	0.297 3	2.560 2
4	9	6	7/22	17/22	11/22	0.317 3	0.082 6	0.300 1	0.300 1	2.689 8
5	3	2	9/22	5/33	3/33	0.257 7	0.388 4	0.305 6	0.048 3	1.514 9
6	8	9	11/22	15/22	17/22	0.206 3	0.138 3	0.148 9	0.506 4	2.928 8
7	2	5	13/22	3/22	9/22	0.160 8	0.529 3	0.183 1	0.126 8	2.490 5
8	7	1	15/22	13/22	1/22	0.119 9	0.203 6	0.645 8	0.030 8	2.182 5
9	1	8	17/22	1/22	15/22	0.082 4	0.722 0	0.062 3	0.133 4	3.745 8
10	6	4	19/22	11/22	7/22	0.047 7	0.278 9	0.459 1	0.214 3	2.461 6
11	11	11	21/22	21/22	21/22	0.015 4	0.022 6	0.043 7	0.918 2	5.159 3

　　判定系数 *R-square*＝0.968 5,回归方程的拟合效果很好。从回归方程中看到,X_1 和 $X_2 X_3$ 的系数都是负值,为了使 y 值小,X_1,X_2 和 X_3 都应该尽量大(这时 X_4 要尽量小),假如都取各变量的最大值 X_1＝0.643 1,X_2＝0.722 0,X_3＝0.645 8,这时 $X_1 + X_2 + X_3 > 1$。所以对配方设计要在满足约束条件的情况下寻找最优值。

　　实际上,$\hat{y}$＝5.117 8－5.967 7X_1－17.743$X_2 X_3$ 的最小值是在 X_1＝1,X_2＝0,X_3＝0 时达到,但是这组解远远超出了实验的范围,明显不符合要求。如果局限于实验的范围内寻找最优解,应该取 X_1 的最大实验值 0.643 1,X_4 的最小实验值 0.030 8,然后看－17.743$X_2 X_3$ 这一项,对相同的 $X_2 + X_3$ 的值,当 $X_2 = X_3$ 时－17.743$X_2 X_3$ 最小,所以取 $X_2 = X_3 = (1 - 0.643 1 - 0.030 8)/2 = 0.163 05$。

　　本例选自参考文献[18],文献的作者用网格法寻找最优实验条件,最终选取 X_1＝0.643 1,X_2＝0.161 2,X_3＝0.164 9,X_4＝0.030 73。并做了 3 次验证实验,得 3 个实验值为 0.809 5,0.811 0,0.810 3。用方程计算的回归值是:
$$\hat{y} = 5.117 8 - 5.967 7 \times 0.643 1 - 17.743 \times 0.161 2 \times 0.164 9 = 0.808 1$$
实验值与回归值非常接近,这也说明回归效果确实很好。

6.5.2　有约束的配方均匀设计

　　上一节讨论的配方设计对各个因素是一视同仁的,但是在许多配方中对因素的取值范围有专业的规定,有些成分的含量很大,有些则很小,这种配方称为有约束的配方,这时前面所介绍的配方设计方法不能直接运用。

例 6.5　若一配方有三个成分 X_1、X_2 和 X_3,它们目前按 $70\%,20\%,10\%$ 组成,为了提高质量,希望寻求新的配比,这时设计一个实验,并且要求

$$\begin{cases} 0.6 \leqslant X_1 \leqslant 0.8 \\ 0.15 \leqslant X_2 \leqslant 0.25 \\ 0.05 \leqslant X_3 \leqslant 0.15 \\ X_1 + X_2 + X_3 = 1 \end{cases}$$

应该如何做实验设计呢?

解　有约束配方设计的一般表述是:

$$a_i \leqslant X_i \leqslant b_i, \quad i = 1, \cdots, s$$
$$X_1 + \cdots + X_s = 1$$

当某个因素 X_i 没有约束时,相应的 $a_i = 0, b_i = 1$。

对于有约束的配方设计目前还没有既简便又高效的方法,用均匀设计安排有约束的配方实验也正处于研究阶段。参考文献[5]给出了一种变换的方法,在大多数情形下可获得有约束的配方均匀设计,但有时该方法不能准确地给出要求的实验数 n。例如,实验者希望比较 12 个配方,也就是每个因素取 12 个水平,但该法产生的均匀配方设计可能有 13 个或 14 个配方,也可能只有 10 个或 11 个配方。当某一成分的区域非常狭窄时,即 $b_i - a_i$ 非常小时,该方法设计的均匀性一般欠佳,参考文献[6]改用条件分布法产生有约束的配方均匀设计,使设计的均匀性得到改进,但是设计的过程比较复杂。本书仅介绍关于有约束的配方设计的两种简单方法。

1　填补法

本例由于 X_1 的含量较高,可以将 X_2 和 X_3 在实验范围内按独立变量的均匀设计去安排,然后用 $X_1 = 1 - X_2 - X_3$ 给出 X_1 的比例,填补剩余的部分。但是这个方案也有明显的缺陷。

假如 X_2 和 X_3 都在实验范围内取 11 个水平,并用 $U_{11}^*(11^2)$ 来安排 X_2 和 X_3,得表 6.21 的实验方案。从表中看到 X_1 只有三个水平 0.64,0.70,0.76,这是填补设计的一个缺陷。

在有些情况下可以通过适当选择均匀设计表而避免这个缺陷。例如本例中可以改用 $U_{11}(11^2)$ 表,其实验方案列于表 6.22,这时 X_1 也有 11 个水平。

本例中使用填补设计时,其重点只是考虑了 X_2 和 X_3,而"填补因素" X_1 只是一种"陪衬",不得已而变之。而且 X_1 的变化范围和原设计不能吻合,所

表 6.21 用 $U_{11}^*(11^2)$ 安排的填补配方实验

实验号	X_1	X_2	X_3
1	0.76	0.15	0.09
2	0.70	0.16	0.14
3	0.76	0.17	0.07
4	0.70	0.18	0.12
5	0.76	0.19	0.05
6	0.70	0.20	0.10
7	0.64	0.21	0.15
8	0.70	0.22	0.08
9	0.64	0.23	0.13
10	0.70	0.24	0.06
11	0.64	0.25	0.11

表 6.22 用 $U_{11}(11^2)$ 安排的填补配方实验

实验号	X_1	X_2	X_3
1	0.74	0.15	0.11
2	0.77	0.16	0.07
3	0.69	0.17	0.14
4	0.72	0.18	0.10
5	0.75	0.19	0.06
6	0.67	0.20	0.13
7	0.70	0.21	0.09
8	0.73	0.22	0.05
9	0.65	0.23	0.12
10	0.68	0.24	0.08
11	0.60	0.25	0.15

以填补设计的实验均匀性有时较差。

2 随机布点法

前面第 4 章讲到可以用随机化实验法做有约束的配方设计,实际上,随机化正是实验设计的基本原则,在有约束的配方设计的这种复杂场合,随机化设计简便易行,正可以发挥其优势。用随机实验法安排的方法如下:

(1)借助于计算机或查随机数表得到 $(0,1)$ 区间的一列随机数。

(2)如果第 1 个随机数在区间 $[a_1, b_1]$ 内,则该随机数作为第 1 种原料比例的备选值,否则再看下一个随机数是否在该区间内,直到找到第 1 个在该约束条件内的随机数。

（3）重复使用上面第 2 步的方法依次决定出第 $2,3,\cdots,k-1$ 种原料比例的备选值。

（4）用 1 减去前面 $k-1$ 种原料比例之和，作为第 k 种原料比例的备选值，如果这个备选值符合第 k 种原料比例的约束条件，则把这 k 种原料比例的备选值作为一个实验组合，否则再重复以上的第 2 和第 3 步的过程，直到找到符合约束条件的实验组合。

（5）重复以上过程就可以得到任意实验次数的随机实验设计。

在用以上方法生成随机实验设计时，可以把约束条件最宽的原料作为第 k 种原料，这样可以更快地得到合乎要求的随机化实验。

现代的计算机运行速度很高，随机布点法看似计算量很大，其实只要编出一个简单的程序就可以很快得到满足要求的设计。下面的程序是用 Excel 软件的 Visual Basic 编制的随机布点程序：

```
Sub 随机布点()
Dim a(20), b(20), x(20)
n = 11
s = 3
For i = 1 To s
a(i) = Worksheets("随机布点").Cells(i + 1, 3).Value
b(i) = Worksheets("随机布点").Cells(i + 1, 4).Value
Next i
n1 = 1
line1：
t = 0
For i = 1 To s - 1
line2：
x(i) = Rnd()
If a(i) > x(i) Or b(i) < x(i) Then GoTo line2
t = t + x(i)
Next i
x(s) = 1 - t
If a(s) > x(s) Or b(s) < x(s) Then GoTo line1
For j = 1 To s
   Worksheets("随机布点").Cells(n1 + 1, 5 + j).Value = x(j)
   Next j
   n1 = n1 + 1
```

If n1 ＜＝ n Then GoTo line1：
End Sub

以例 6.5 为例,首先把 Excel 工作表重新命名为"随机布点",然后按照下面图表的位置输入约束条件,按图 6.2 的菜单顺序进入 Visual Basic 编辑器,在代码窗口输入以上的程序,单击运行子过程按钮(或者从工具的运行菜单中)运行该程序,输出结果见图 6.2。重复运行这个程序就可以得到一组新的设计方案。

	A	B	C
	因素	a_i	b_i	
1				
2	X1	0.6	0.8	
3	X2	0.15	0.25	
4	X3	0.05	0.15	
5				0.692518	0.183076	0.124406
6				0.752542	0.176887	0.070571
7				0.729411	0.203582	0.067007
8				0.694607	0.223323	0.082069
9				0.748533	0.184425	0.067042
10				0.781007	0.162942	0.056051
11				0.714486	0.222532	0.062982
12				0.76937	0.173543	0.057087
13				0.738983	0.209674	0.051342
14				0.617498	0.241481	0.141021
15				0.645133	0.240698	0.114168
16						

图 6.2　用 Visual Basic 实施随机布点

本例因素数目 $s=3$,实验次数 $n=11$,读者只需要修改工作表中的约束条件和程序中的相应参数,就可以获得不同的因素数目和约束条件,以及任意实验次数的有约束配方的随机布点设计。

随机化设计的缺点是有时均匀性不够高,但是也有其长处。如果为了节约实验时间,随机布点设计可以作为整体设计,预先制定好全部实验计划做同时实验;如果为了节约实验经费,可以事先不规定实验总次数,边做边看,直到得到满意的实验结果;还可以根据已做的实验结果,随时调整因素的约束范围,这个优势是均匀设计和正交设计这样的整体设计所不具备的。另外,还可以指定某个因素的水平值,令其在实验范围内均匀分布,对其余的因素采用随机布点,这样可以提高实验点的均匀性,其实现方式只需要对上面的程序作简单修改就可以。

本章简要介绍了均匀设计的方法和应用,对均匀设计的更深入了解请参阅参考文献[5,6]。均匀设计已有相应的软件包,需要的读者可以从网站 http://www.math.hkbu.edu.hk/UniformDesign 或 http://ust40.html.533.net 查找有关信息,并可以下载部分均匀设计表和资料。均匀设计的实验设计和数据分析工作可以借助这些软件包完成。

正交设计已有几十年历史,至今还在发展。均匀设计才有 20 多年历史,尚有许多问题有待去研究。例如拟水平的表还可以发现更多更好的表;有约束的配方设计给出更方便的设计方法;有多个实验指标 y 时的数据分析方法;有区组因素的实验设计方法;U^* 表比 U 表在均匀度方面有显著地改进,能否找到比 U^* 表更均匀的设计呢? 这些问题都已经不同程度地得到解决,但还都值得继续研究,均匀设计方法也正是伴随着对这些问题不断深入地研究而发展完善的。

思考与练习

思考题

6.1　比较均匀设计与正交设计的异同点? 两者各自的适用条件是什么?

6.2　简述构造均匀设计表 $U_n(n^s)$ 的方法。

6.3　为什么不适宜用直观分析方法分析均匀设计的实验结果?

6.4　如何用回归分析方法分析均匀设计的实验结果?

6.5　简述在均匀设计中实验数目和因素水平数目的关系,当因素水平数目较少时如何确定实验数目。

6.6　什么是配方实验? 说明配方均匀设计的实施方法。

6.7　用随机布点法确定有约束条件的配方设计的优点是什么?

练习题

6.1　借助 Excel 软件生成一张 $U_8(8^4)$ 均匀设计表。

6.2　用均匀设计安排内燃机实验,选取影响小型直喷柴油机油耗率 y (g/(kW·h))的两个影响因素启喷压力 X_1(MPa)和油嘴伸出量 X_2(mm),实验安排和实验结果见下表,用回归分析分析实验结果,寻找因素水平的最优组合。(提示:用 "SELECTION = STEPWISE SLENTRY=0.50 SLSTAY = 0.50" 语句规定逐步回归中进入和保留在回归方程中变量的显著性水平。)

实验号	X_1	X_2	y
1	14	3.45	245.8
2	15	2.10	244.3
3	16	4.35	246.8
4	17	3.00	246.4
5	18	1.65	242.7
6	19	3.90	248.1
7	21	2.55	248.3

6.3 在一个新材料研制的配方设计中,三种金属的含量 X_1,X_2 和 X_3 作为实验因素。用 $UM_{15}(15^3)$ 表来安排实验,其实验方案和实验指标 y 值列在下表中,实验指标 y 是望大特性,寻找最优实验条件。

实验号	X_1	X_2	X_3	y
1	0.817	0.055	0.128	8.508
2	0.684	0.179	0.137	9.464
3	0.592	0.340	0.068	9.935
4	0.517	0.048	0.435	9.400
5	0.452	0.210	0.338	10.680
6	0.394	0.384	0.222	9.748
7	0.342	0.592	0.066	9.698
8	0.293	0.118	0.589	10.238
9	0.247	0.326	0.427	9.809
10	0.204	0.557	0.239	9.732
11	0.163	0.809	0.028	8.933
12	0.124	0.204	0.672	9.971
13	0.087	0.456	0.457	9.881
14	0.051	0.727	0.222	8.892
15	0.017	0.033	0.950	10.139

6.4 对练习题 6.3 的问题,经过实验认为 X_1,X_2 和 X_3 三种金属的取值范围应该约束在范围 $0.02 \leqslant X_1 \leqslant 0.5$;$0.03 \leqslant X_2 \leqslant 0.25$;$0.05 \leqslant X_3 \leqslant 0.95$ 内,其中 $X_1 + X_2 + X_3 = 1$,分别用以下方法继续安排 8 个实验点的配方设计。

(1) 用填补法,X_3 取为填补因素;

(2) 随机布点法;

(3) 仍然使用随机布点法,但是要求 X_2 在实验范围内均匀分布,取其 8

个水平为 $0.03,0.06,0.09,0.12,0.15,0.18,0.21$ 和 0.24。

6.5　影响镁碳砖耐压强度的因素主要有原料的颗粒配比及干燥时间等，选择因素及实验范围：

X_1：干燥时间（单位：h），$12 \leqslant X_1 \leqslant 28$；

X_2：细粉（颗粒直径小于 0.088 mm）配比量，$0.12 \leqslant X_2 \leqslant 0.40$；

X_3：中颗粒（颗粒直径 0.088mm～1 mm）配比量，$0.05 \leqslant X_3 \leqslant 0.12$；

X_4：石墨（196♯）填充量，$0.07 \leqslant X_4 \leqslant 0.16$；

X_5：大颗粒（颗粒直径 1 mm～5 mm）配比量，$0.48 \leqslant X_5 \leqslant 0.62$。

其中 $X_2 + X_3 + X_4 + X_5 = 1$，考察指标为平均耐压强度 y 越大越好。实验的设计和结果如下表：

实验号	X_1	X_2	X_3	X_4	X_5	y
1	12	0.134 5	0.100 4	0.150 9	0.614 2	25.92
2	13	0.154 2	0.083 4	0.152 3	0.610 1	26.57
3	14	0.177 8	0.072 6	0.139 9	0.609 7	22.85
4	15	0.207 8	0.056 3	0.121 1	0.614 8	23.30
5	16	0.252 2	0.063 5	0.124 8	0.559 5	22.68
6	17	0.122 8	0.113 2	0.144 9	0.619 1	23.06
7	18	0.140 7	0.092 1	0.151 3	0.615 9	25.82
8	19	0.161 5	0.076 4	0.145 4	0.616 7	23.03
9	20	0.186 8	0.082 4	0.141 7	0.589 1	26.11
10	21	0.220 2	0.062 6	0.133 3	0.583 9	23.80
11	22	0.275 3	0.059 4	0.102	0.563 3	27.98
12	23	0.128 5	0.104 6	0.147 8	0.619 1	26.72
13	24	0.147 3	0.090 9	0.155 1	0.606 7	25.35
14	25	0.169 4	0.077 7	0.151 6	0.601 3	22.78
15	26	0.196 8	0.066 7	0.137 9	0.598 6	29.97
16	27	0.234 7	0.058 1	0.109 7	0.597 5	28.00
17	28	0.313 6	0.050 1	0.077 4	0.558 9	32.54

用回归分析方法寻找最优实验条件。

第7章

稳健性设计 ──────────

从 20 世纪 70 年代末期开始,日本学者田口玄一(G. Taguchi)博士创立了以三次设计为内容的质量工程学,其中的主要内容就是稳健性设计。近些年来稳健性设计方法不断发展和完善,在学术界和工程界引起广泛的重视和兴趣。目前,在美国把一切用于提高和改进产品质量的有关工程方法统称为稳健性设计。

7.1 稳健性设计的概念

7.1.1 稳健性

用一个通俗的例子说明稳健性的概念,比如人的身体健康问题,如果你的身体体质好,就能适应任何恶劣的环境,天气凉也不感冒,吃了凉的食物也不胃疼。反之,如果你的体质弱就会怕冷怕热,冬天常感冒,夏天常中暑,吃点冷硬的食物就胃疼。后者就属于健康指标的稳健性低,不适应外界环境的变化。前者就属于健康指标的稳健性高,能够适应外界环境的变化。实际上 robust 的英文含义正是健康的意思。

▷定义 7.1 稳健性(robustness)是指产品对各种干扰因素的抵抗能力,反映为产品质量特性的变异程度。变异程度小的产品稳健性就高,变异程度大的产品稳健性就低。

1 噪声因素

引起质量变异的干扰因素称为噪声,有三种形式:外部噪声、零件间噪声、内部噪声。

(1) 外部噪声。是指引起质量变异的使用环境或产品承受负荷的变化，例如产品使用时温度、湿度、污染等因素的变化，汽车载重量的变化。

(2) 零件间噪声。是指构成产品的零件间的质量变异。例如一件产品需要安装直径为 16.0 mm 的轴承，但是同一批直径标称值为 16.0 mm 的轴承尺寸也是有变异的。实际上有些产品安装的是直径为 16.1 mm 的轴承，还有些产品上安装的是直径为 15.9 mm 的轴承。严格地说，任何两件产品上安装的轴承都不会完全一样。

(3) 内部噪声。是指产品在储存和使用过程中发生的材料变质、老化、磨损等引起质量变异的现象。

2 质量的变异性

在前几章的讨论中，我们主要关心的是产品指标的平均值。实际上，产品指标是有变异性的，尽管是自动化的高精度设备，生产出的产品仍然不是完全相同的，其原因就是存在上述三种噪声因素，公差标准的建立就是承认变异性的一个标志。具体而言，在完全相同的生产条件下生产出来的产品，其质量特性也是不完全相同的；同一件产品在不同的环境下使用，质量特性也会有差异的；同一件产品在其寿命期内的不同时刻，质量特性也不一样。这些现象就是质量的变异，质量的变异无处不在，无时不在，杜绝质量变异是不可能的，减少质量变异是大有可为的。稳健性设计的目的就是尽量减少质量变异，设计出稳健可靠的产品。

3 稳定性

在工程中与稳健性相关联的另一个概念是稳定性(stability)，可以通过一个简单的例子来理解稳定性的概念。如图 7.1 所示，两个钢球分别放在不同形状的两个木块上，(a)图的钢球放在木块的顶部，(b)图的钢球放在木块的底部。只要对(a)图中的钢球施加一个很小的力，钢球就会离开原来的位置向下滑落，并且不会再回到原来的位置。而对(b)图中的钢球施加一个很小的力，这个钢球几乎不会移动，即使施加一个较大的力，钢球也只是会在木块的底部做来回的滚动运动，当时间足够长时，小球最终还是要回到原来的位置。我们说(a)图所示的情况就是不稳定的系统，而(b)图的情况就是稳定的系统。

▷定义 7.2 当一个系统处于一个平衡的状态时(就相当于小球在木块上放置的状态一样)如果受到外来作用的影响时(相当于上例中对小球施加的力)，系统能够保持原来的平衡状态，或者经过一个过渡过程仍然能够回到原来的平衡状态,我们称这个系统就是稳定的,否则称系统不稳定。

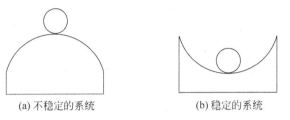

(a) 不稳定的系统　　　　　(b) 稳定的系统

图 7.1　稳定性示意图

例如飞机受到突风扰动之后,在飞行员不进行任何操纵的情况下能够回到初始状态,则称飞机是稳定的,反之则称飞机是不稳定的。

由此可见稳健性与稳定性这两个概念既不完全相同又是密切相关的。两者都是反映产品或系统抗干扰能力的概念。稳健性体现在同一设计型号的不同产品在各种干扰因素存在时特性值仍然很接近,变异程度很小;稳定性强调每个系统受到干扰后保持和恢复自己原有性能的能力。

稳定性是很早就应用于工程学中的概念,而稳健性是统计学的概念,是从 20 世纪 70 年代末期由田口玄一引入质量工程学中的概念,读者应该正确区分这两个概念的应用场合。

7.1.2　稳健性设计与三次设计

1　稳健性设计

▶定义 7.3　稳健性设计(robust design)就是用实验设计提高产品稳健性的方法,是当今世界上工业发达国家深入研究和广泛应用的提高产品开发设计质量的重要新技术。

通俗地说,如果生产出的产品能够在各种噪声因素的干扰下保持性能指标很小的变异性,或者用廉价的零部件能组装出性能稳定可靠的产品,则认为该产品的设计是稳健的。

具体来说,稳健性设计通过对所开发产品的分析找出影响产品质量及其稳健性的主要因素,用先进的实验设计技术对产品开发研究所需进行的实验进行规划,通过实验或计算机模拟计算来考察波动情况下各种不同配方或工艺参数组合时的产品质量及其稳健性。用科学方法分析数据,找出主要因素对产品质量的影响规律,再用有效的优化方法对产品配方或工艺参数进行调整或优化,最后找出使产品的平均质量及其稳健性、产品成本均令人满意的产品配方或工艺参数。

减小产品质量的变异性有两种方式:一种是消极的方式,也就是限制产品的使用环境,使用更高等级的元件;另一种是积极的方式,就是提高产品适应外部环境变化和抵抗内部干扰的能力。

稳健性设计的思想不是去控制波动源改变外在环境,而是致力于改进产品内部的结构而提高抗干扰的能力。这一点可以借助日本 Ina 瓷砖公司的经营来说明。

早年 Ina 瓷砖公司生产的瓷砖大小不一,尺寸波动很大,也就是说尺寸的稳健性很低。针对这一问题,公司在早期采取的措施是事后检验的办法,也就是筛选不合格品,将尺寸不符合公差范围的瓷砖挑选出来丢弃,留下的合格品(属于平顶型分布,是一种低质量的合格品)出厂。这样当然造成巨额的成本浪费,在激烈的市场竞争中难以生存。

在公司引入质量管理后,决定寻找对策解决瓷砖尺寸波动问题,为此组织了一个由工程技术人员组成的质量攻关小组,调查质量问题的原因。经分析发现瓷砖尺寸波动的原因是由砖窑内部的温度差异引起的。在没有放置瓷砖的情况下砖窑内部设计的加热后温度是相同的,但是在放置瓷砖加热后窑内各部位的温度就不同了,外侧的温度高,中心处的温度低。解决这个问题的一个直接方法是重新设计建造一个新窑,使窑内温度分布均匀,但是这也要花费一大笔费用,虽然能够解决尺寸波动的质量问题,但不是一个经济的办法。

质量小组决定使用稳健性设计的方法寻找一个解决瓷砖尺寸波动的经济实用的方法,为此从瓷砖的内部结构入手,寻找影响尺寸稳健的内部原因。经过一些实验后发现,瓷砖黏土中灰石的比例是造成尺寸波动的重要因素,把灰石比例从 1% 提高到 5% 以后就可以大幅度降低瓷砖尺寸的波动,并且对瓷砖的其他质量指标没有不良影响。因为灰石是非常便宜的原料,所以从成本效益上看这个解决方案是优秀的。

就这样,Ina 瓷砖尺寸波动的问题解决了,其解决的方式不是去改变外在环境(重新设计建造新窑),而是改变内部环境(产品生产的某些参数)。这些参数的改变使产品更具有抗干扰的能力,能够减小外部环境差异对产品质量的影响。

当然,改善生产设备,控制生产环境,使用高等级的原材料也都是改进产品质量的有效方法,在一些场合可能也不需要高昂的费用,甚至还是不可替代的方法。但是学到以上改进瓷砖尺寸波动的例子后,想必大家都会把用参数设计改变产品自身的抗干扰能力作为一种提高产品稳健性的重要手段。

2　三次设计

三次设计是指产品或工艺设计的三个阶段,即系统设计、参数设计和容差设计。

(1)系统设计。由专业技术人员完成,包括确定实验目的、实验指标、实验所用的仪器设备、实验场所以及实验的主要影响因素。

(2)参数设计。是探求因素水平的最佳搭配,这里的参数就是指因素的水平。包括两个方面,第一是平均水平要达到设计的要求;第二是稳健性的要求。首先按专业经验给出关键参数的几个水平值,用正交表编排实验方案,称为内表设计,第5章介绍的正交设计方法都是属于内表设计。然后确定噪声因素及水平、安排噪声实验,称为外表设计。最后用信噪比分析产品质量特性的稳健性。这一方法自提出来就在日本的工业界获得应用,并以其产品质量上乘而获得了不少世界市场,从20世纪80年代起在我国也广泛推广使用。之后也在欧洲、美国和一些新兴工业国家和地区推广应用。

外表设计所需要的实验次数较多,对于可计算项目适合于采用内外表设计。如果必须通过做实验才能得到数据,并且实验的费用较高,可以采用综合噪声的方法减少实验次数(见例7.3)。如果内表实验的结果很好,能够充分满足生产要求,也可以不做外表的稳健性设计。

(3)容差设计。简单地说容差设计就是设计因素(包括构成产品的元件和生产产品的工艺条件)的容差(公差的一半叫容差)。本着总损失最小的原则,对稳健性影响小的因素其公差应该大一些,以降低成本;对稳健性影响大的因素其公差应该小一些,以保证稳健性。容差设计是在参数设计的基础上进行的,严格的容差设计需要用损失函数建立容差与损失的定量关系,这就要依靠数学计算,所以主要用于可计算项目。对于不可计算项目,如果通过实验数据可以很好的建立实验指标与影响因素的回归方程,也可以做容差设计。

做好容差设计不仅需要实验设计的知识,还需要正确估算成本与损失,是一项复杂的工作。实际工作中很多所谓的"容差设计"只是在参数设计的基础上对各影响因素的容差从经验上给予确定,实际上还是参数设计的范畴。虽然没有严格的数量依据,但是不失为一种行之有效的方法。实际上如果参数设计做得好,就不需要再做容差设计,这正是田口玄一博士自己的观点。鉴于容差设计的内容比较复杂,本书就不具体介绍了。

在三次设计中,系统设计是基础,参数设计是核心,容差设计是经济化。

7.2 稳健性设计的实施方法

使实验指标达到最优值的因素水平的组合方式往往不是惟一的,稳健性设计就是要找出其中抗干扰能力最强的组合方式。

7.2.1 实例分析

首先结合一个例子介绍稳健性设计的实施原则和方法。

例 7.1 一种电源电路要把 110 V 的交流电转化为 115 V 的直流电,工程中已有现成的电路可供使用,但是其使用效果较差,直流电压的实际输出值与目标值 115 V 之间常有较大的差异。经过分析认为,直流电压的输出值决定于电路中的两个电子元件的参数值:一个是电阻(记为因素 A)的阻值(单位:Ω);另一个是晶体管的电流放大倍数(记为因素 B)。为了寻找合适的参数搭配,对两个因素各取 5 个水平,共安排了 11 次实验,其因素水平与实验结果见表 7.1。

表 7.1 因素水平与实验结果

A \ B	100	260	500	800	900
200			100	115	
250	95	103	115	130	135
300			125		
350		115	127		
400			128		

从表中看到,有三组参数搭配可以使输出的直流电压恰好为 115 V,这三组参数搭配是:

$$\text{I} \begin{cases} A = 200 \\ B = 800 \end{cases}; \qquad \text{II} \begin{cases} A = 250 \\ B = 500 \end{cases}; \qquad \text{III} \begin{cases} A = 350 \\ B = 260 \end{cases}$$

这三种参数搭配都能满足实验指标值为 115 的要求,选取哪一组搭配更好呢?

　　按照稳健性设计的思想,在平均水平满足要求的情况下,应该选择抗干扰能力最强也就是变异最小的参数搭配方式。在这个问题中,对输出电压的干扰来自两种元件的质量波动。实际上,用来组装电源电路的标以 $200\ \Omega$ 的电阻,其实际的阻值常有 10% 的波动,也就是说真实的阻值是在 $180\ \Omega$ 到 $220\ \Omega$ 之间。而晶体管放大倍数的波动幅度就更大了,常达到 50%。

　　为了找出以上三种搭配中稳健性最强的一种搭配方式,需要对实验数据做进一步的分析。从表中的数据可以看到,当电阻 A 固定在 $250\ \Omega$ 时输出的电压 y 是因素 B 的线性增函数,见图 7.2(a),这表明晶体管放大倍数 B 在任何水平上相同幅度的波动对输出电压 y 造成的波动幅度是相同的。

　　当电流放大倍数 B 固定在 $500\ \Omega$ 时输出的电压 y 是因素 A 的非线性增函数,当电阻的阻值小时输出电压 y 的曲线增长迅速,而当阻值大时输出电压 y 的曲线增长就缓慢,见图 7.2(b)。这表明电阻 A 在不同水平上的相同幅度的波动对输出电压 y 造成的波动幅度是不相同的,要使输出电压 y 的波动幅度小,就要把电阻 A 的水平选得大一些。

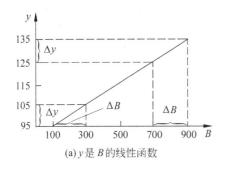

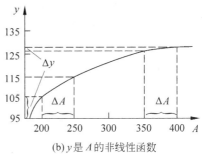

(a) y 是 B 的线性函数　　　　　　(b) y 是 A 的非线性函数

图　7.2

　　综上所述,应该选取第 Ⅲ 种参数搭配,取 $A=350,B=260$,这是使输出直流电压满足平均水平为 $115\ V$ 的最稳健的参数搭配。用这种方法成功地解决了输出电压不稳健的问题,并且没有增加任何生产成本。

7.2.2　损失函数与信噪比

1　损失函数

　　当产品特性值 y 与目标值 m 不相等时,就认为造成了质量损失。田口玄一博士用损失函数描述这种损失,平方损失函数可以很好地描述质量损失的实际状况。当产品特性值 y 在其目标值 m 附近变动时,损失函数 $L(y)$ 缓慢增加,当 y 偏离 m 较远时就迅速增大,如图 7.3 所示,这正是我们希望的损失函数所应该具有的性质。

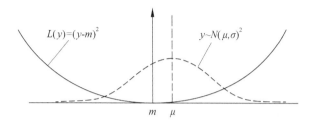

$$L(y)=(y-m)^2 \qquad y \sim N(\mu, \sigma)^2$$

$$m \quad \mu$$

图 7.3 平方损失函数

平方损失函数的一般形式是 $L(y) = k(y-m)^2$,实际使用时可以略去系数 k,使用其简单形式:

$$L(y) = (y-m)^2$$

其中 L 表示损失(loss)。

产品的质量是有变异的,同一型号的两件不同产品的质量特性值也是不同的,所以对一批产品而言要用平均损失反应损失的程度。平均损失就是损失函数 $L(y)$ 的数学期望(均值),由两部分构成:

$$\begin{aligned} E(L) &= E(y-m)^2 = E(y-\mu+\mu-m)^2 \\ &= E(y-\mu)^2 + 2E[(y-\mu)(\mu-m)] + E(\mu-m)^2 \\ &= E(y-\mu)^2 + 2(\mu-m)E(y-\mu) + (m-\mu)^2 \\ &= \mathrm{var}(y) + \delta^2 \end{aligned}$$

其中 $\mu = E(y)$ 是 y 的均值,即产品的生产中心,$\sigma^2 = \mathrm{var}(y) = E(y-\mu)^2$ 是 y 的方差,$\delta = m - \mu$ 是生产中心与目标值的漂移量。

第一部分是质量特性值 y 的方差 σ^2,反映产品间的变异;

第二部分是生产漂移量 δ 的平方,反映生产中心与目标值的漂移量。

降低平均损失可以分两步走:

第一步是稳健设计,找出最稳健的因素水平搭配,即减小标准差 σ(或者方差 σ^2),这一步属于稳健设计的内容,这时允许实验指标与目标值间有一定的差异;

第二步是灵敏度设计,寻找调节因素,通过调整调节因素的取值,在不增加或尽量小地增加变异程度的情况下,把实验指标调整到目标值。

2　信噪比

为了有效地进行稳健性设计,田口玄一博士提出了用信噪比作为衡量产品稳健性的指标。通俗地讲,信噪比(SNR)就是信号量(signal)和噪音(noise)的比率,信噪比越大表示产品越稳健。具体分为下面的三种情况(见表7.2)。

(1)望目质量特性。产品的质量特性值是一个目标值 m,与目标值 m 偏离越大则损失越大,损失函数为 $L(y) = (y-m)^2$,平均损失为 $\sigma^2 + \delta^2$,稳健性设计阶段致力于减小 σ^2,从相对误差的角度考虑,希望 μ/σ(等价于 μ^2/σ^2)越大越好。

(2)望小质量特性。产品的质量特性值越小越好,相当于取目标值 $m=0$,损失函数为 $L(y) = y^2$,平均损失为 $E(y^2)$。这里需要说明的是,由于 $E(y^2)=\mu^2+\sigma^2$,所以望小质量特性的平均损失函数既要求质量特性的平均水平小,又要求其波动程度低。

(3)望大质量特性。产品的质量特性值越大越好,其倒数 $1/y$ 为望小质量特性,损失函数为 $L(y) = 1/y^2$,平均损失为 $E(1/y^2)$。与望小质量特性的情况相同,要使平均损失 $E(1/y^2)$ 小,就既要求质量特性值大,也要求其波动程度低。

表7.2中的对数运算是以10为底的常用对数,$\bar{y}$ 代表样本均值,S^2 代表样本方差。需要注意的是,信噪比的计算公式与数据的平均值有关,在计算过程中要用实际数据做计算,不要为了简化计算把数据同时减去一个常数,这样计算出的信噪比就会发生变化。信噪比中的"信息"用均值的平方反映,"噪声"用方差反映,改变了均值当然就改变了信噪比。

表 7.2   信噪比 SNR

质量特性	望目特性	望小特性	望大特性
信噪比 SNR	$10 \lg\left(\dfrac{\bar{y}^2}{S^2} - \dfrac{1}{n}\right)$ 极大化	$-10 \lg\left(\dfrac{1}{n}\sum\limits_{i=1}^{n} y_i^2\right)$ 极大化	$-10 \lg\left(\dfrac{1}{n}\sum\limits_{i=1}^{n} \dfrac{1}{y_i^2}\right)$ 极大化

有了信噪比的概念就可以用内外表设计方法做稳健设计了。

在例7.1中用直观分析法对电源电路做了稳健设计,这里结合信噪比再作进一步的分析。对表7.1中的三种使输出电压达到115 V的组合方式,令电阻分别取其标称值和波动值做搭配实验,得表7.3的三组实验数据。

对这三组数据分别计算信噪比,例如对第Ⅰ组数据,分别计算出 $\bar{y} = 113.7$,$S^2 = 361.8$,然后代入望目特性信噪比的计算公式:

$$\text{SNR} = 10 \lg\left(\frac{\bar{y}^2}{S^2} - \frac{1}{n}\right) = 10 \lg\left(\frac{113.7^2}{361.8} - \frac{1}{9}\right) = 15.51$$

得信噪比 $SNR_I = 15.51$。用同样的方法计算出第 II 组和第 III 组数据的信噪比分别为 $SNR_{II} = 19.50$ 和 $SNR_{III} = 26.96$。从这三个信噪比可以看到,第 III 种搭配方式的信噪比最大,说明第 III 种搭配方式稳健性最好,与直观分析方法所得的结论是一致的。

表 7.3　有噪声干扰时的电压输出数据

	搭配方式 I			搭配方式 II			搭配方式 III		
	A	B	y	A	B	y	A	B	y
1	180	400	84	225	250	96	800	400	108
2	180	800	104	225	500	109	180	800	115
3	180	1 200	124	225	750	121	180	1 200	121
4	200	400	95	250	250	102	200	400	108
5	200	800	115	250	500	115	200	800	115
6	200	1 200	135	250	750	128	200	1 200	121
7	220	400	102	275	250	108	220	400	108
8	220	800	122	275	500	121	220	800	115
9	220	1 200	152	275	750	133	220	1 200	122

从以上的分析过程可以看到,对每一种因素水平搭配方式(内表实验)都要分别安排噪声实验(外表实验),计算出信噪比。本例内表实验只有 3 次,每个外表实验需要 9 次,总实验次数多达 $3 \times 9 = 27$ 次,所以田口玄一博士的稳健设计方法确实是一种需要大量实验的方法,主要适用于可计算项目。

3　灵敏度设计

用稳健设计可以寻找出最稳健的因素水平组合,前面的例 7.1 是一个简化的例子,在这个例子中同时找出了三种使实验值恰好等于目标值的因素搭配,只需要在这三种搭配中找出最稳健的一种就可以了。在一般情况下,尤其是对不可计算项目,对于望目特性很难找出多组使实验值恰好等于目标值的因素水平搭配,用信噪比得到的最稳健设计与目标值之间总是有一定的偏差,这时就要找一个调节因素来调整这个偏差。

▷定义 7.4　对信噪比没有显著影响而对实验指标有显著影响的因素称为调节因素,也称为调节因子。

寻找调节因素并用调节因素把实验指标值调节到接近目标值的过程就是灵敏度设计。不过灵敏度设计一般只适用于望目质量特性的情况,而望小和望大质量特性的情况很难找到调节因素,这时信噪比最大原则已经能够保证质量特性值的极大化和极小化。

7.3 内外表参数设计

7.3.1 直积内外表

对一般情况的稳健性设计,首先对可控因素安排一个正交实验,称为内表设计。可控因素是指生产或使用中可以控制其取值水平的因素,这里的可控是指能够由生产者决定其使用水平,但是也必然存在误差,即噪声干扰。例如电阻的阻值,可以选择标称值为 $200\ \Omega$ 或者是 $500\ \Omega$,属于可控因子。但是实际取值也是围绕标称值变异的,所以也有噪声干扰。

噪声因素来自外部噪声、零件间噪声和内部噪声这三个方面,噪声水平在生产和使用中是不能准确确定的,但是在实验中要求能够确定。对内表的每一个实验都考虑噪声因素的几个水平,也用正交表安排这些噪声因素做实验,称为外表实验。内外表的表示形式见下面例 7.2 中的表 7.5,形象地称直积表。

例 7.2 图 7.4 所示的电感电路由电阻 $R(\Omega)$ 和电感 $L(\mathrm{H})$ 组成,由电路知识知道,当输入交流电的电压为 $V(\mathrm{V})$,电流频率为 $f(\mathrm{Hz})$ 时,输出电流强度 $y(\mathrm{A})$ 为:

$$y = \frac{V}{\sqrt{R^2 + (2\pi f L)^2}} \tag{7.1}$$

输出电流强度 y 的目标值为 $10\mathrm{A}$,其波动越小越好,要求对两个可控因素做参数设计。

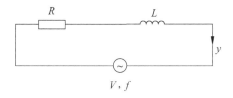

图 7.4 电感电路

解 这个问题是可计算项目,共 4 个影响因素,电阻 R 和电感 L 是可控因素,交流电压 V 和电流频率 f 是不可控因素。电阻 R 和电感 L 的实际值与标称值是有差异的,属于零件间噪声,记为 R' 和 L',交流电压 V 和电流频率 f 是外部噪声。各因素的初始设计值由专业人员给出,其中零件间噪声 R' 和 L' 的波动幅度取为标称值的 $\pm 10\%$,具体数值见表 7.4。

表 7.4　可控因素与噪声因素水平表

因素	水平	1	2	3
可控因素	R	0.5	5.0	9.5
	L	0.02	0.03	0.04
噪声因素	R'	$0.9\,R$	R	$1.1\,R$
	L'	$0.9\,L$	L	$1.1\,L$
	V	90	100	110
	f	50	55	60

(1) 建立内外表(直积表)并计算信噪比。首先用公式(7.1)计算输出电流强度 y,计算过程见表 7.5。

表 7.5　计算过程

C5		=	=C$3/SQRT((C$1*$A5)^2+(2*PI()*C$2*$B5*C$4)^2)							
	A	B	C	D	E	F	G	H	I	J	K
1			0.9	0.9	0.9	1	1	1	1.1	1.1	1.1
2			0.9	1	1.1	0.9	1	1.1	0.9	1	1.1
3			90	100	110	100	110	90	110	90	100
4			50	55	60	60	50	55	55	60	50
5	0.5	0.02	15.865								
6	0.5	0.03									
7	0.5	0.04									
8	5	0.02									
9	5	0.03									
10	5	0.04									
11	9.5	0.02									
12	9.5	0.03									
13	9.5	0.04									

在表 7.5 中,按照表所示的格式输入数据,然后在 C5 单元格内输入公式:

"=C$3/SQRT((C$1 * $A5)^2+(2 * PI() * C$2 * $B5 * C$4)^2)"

再把这个公式复制到区域"C5：K13"中,就得到表 7.6 所示的输出电流强度 y 的计算结果。然后再对每个内表实验计算出信噪比,计算结果见表 7.6。

其中:$\bar{y}_i$ 的计算公式是在"L5"单元格内输入"=AVERAGE(C5：K5)";

V_i 的计算公式是在"M5"单元格内输入"=DEVSQ(C5：K5)/8";

表 7.6　内外表设计实验结果与信噪比

R	L	R' L' v f	0.9R 0.9L 90 50	0.9R 1.0L 100 55	0.9R 1.1L 110 60	1.0R 0.9L 100 60	1.0R 1.0L 110 50	1.0R 1.1L 90 55	1.1R 0.9L 110 55	1.1R 1.0L 90 60	1.1R 1.1L 100 50	$\bar{y}_i$	v_i	SNR
0.5	0.02		15.865	14.438	13.243	14.697	17.452	11.812	17.615	11.905	14.423	14.606	4.471	16.776
0.5	0.03		10.595	9.637	8.836	9.813	11.655	7.884	11.769	7.948	9.632	9.752	2.001	16.757
0.5	0.04		7.951	7.230	6.629	7.363	8.747	5.916	8.833	5.964	7.229	7.318	1.129	16.751
5.0	0.02		12.454	12.125	11.658	11.864	13.699	9.891	13.248	9.644	11.321	11.767	1.847	18.742
5.0	0.03		9.373	8.848	8.315	8.818	10.310	7.228	10.156	7.156	8.521	8.747	1.239	17.899
5.0	0.04		7.394	6.879	6.400	6.914	8.133	5.623	8.087	5.607	6.722	6.862	0.843	17.462
9.5	0.02		8.780	9.096	9.235	8.566	9.658	7.397	9.045	6.984	7.982	8.527	0.799	19.585
9.5	0.03		7.473	7.442	7.287	7.182	8.220	6.064	7.852	5.845	6.793	7.129	0.607	19.223
9.5	0.04		6.348	6.153	5.894	6.036	6.983	5.020	6.770	4.906	5.771	5.987	0.491	18.627

SNR 的计算公式是在"N5"单元格内输入"=10 * LOG10(L5^2/M5-1/9)"。

然后再把公式复制到相应的各列中。

(2) 稳健设计。找出最稳健的因素水平搭配,从表 7.6 可以看到,内表的第 7 组搭配 $R=9.5\,\Omega$,$L=0.02$ H 的信噪比 SNR$=19.585$ 最大,得直接看到的最稳健的因素水平搭配是 R_3L_1。从后面的分析看到综合比较法得到的最优搭配也是 R_3L_1,但这组搭配输出电流强度的均值为 8.527 A,与目标值 10 A 相差较大。这时需要在电阻 R 和电感 L 中找出一个调节因素,这个调节因素对信噪比 SNR 不敏感,而对电流强度 y 敏感。为此需要继续做以下两方面的分析工作。

(3) 找出对信噪比 SNR 不敏感的因素。以信噪比为响应变量作方差分析,得到方差分析表 7.7,这个表中同时列出了因素在各水平下信噪比的平均值。

表 7.7　稳健设计方差分析表

	A	B	C	D	E
1	实验号	R	L	信噪比SNR	
2	1	1	1	16.776	
3	2	1	2	16.757	
4	3	1	3	16.751	
5	4	2	1	18.742	
6	5	2	2	17.899	
7	6	2	3	17.462	
8	7	3	1	19.585	
9	8	3	2	19.223	
10	9	3	3	18.627	
11	水平1	16.761	18.368		
12	水平2	18.034	17.960		
13	水平3	19.145	17.613		误差
14	SS	8.538	0.857	9.851	0.456
15	df	2	2	8	4
16	MS	4.269	0.429	1.231	0.114
17	F	37.447	3.763		
18	P值	0.003	0.120		

从表 7.7 中看到,电阻 R 的 P 值$=0.003$,是对信噪比有显著影响的因素,或者说是信噪比的敏感因素;电感 L 的 P 值$=0.120$,对信噪比影响较弱,是信噪比的不敏感因素。

由表 7.7 可以得到综合比较法最稳健的搭配,在 R 因素的 3 个水平中,3 水平的信噪比 19.145 最大;L 因素的 3 个水平中,1 水平的信噪比 18.368 最大,最稳健的因素水平搭配是 R_3L_1,其结果与直接看到的结果是相同的。

由于 L 因素是信噪比的不敏感因素,所以 L 因素也可以选用其他的水平值。

(4)灵敏度设计。电感 L 是信噪比的不敏感因素,如果它对输出电流强度 y 有显著影响,就可以作为调节因素。为此以内表每个处理下输出电流强度的平均值 $\bar{y_i}$ 为响应变量作方差分析,得方差分析表7.8。

表7.8　灵敏度设计方差分析表

	A	B	C	D	E
1	实验号	R	L	$\bar{y_i}$	
2	1	1	1	14.606	
3	2	1	2	9.752	
4	3	1	3	7.318	
5	4	2	1	11.767	
6	5	2	2	8.747	
7	6	2	3	6.862	
8	7	3	1	8.527	
9	8	3	2	7.129	
10	9	3	3	5.987	
11	水平1	10.559	11.630		
12	水平2	9.130	8.540		
13	水平3	7.210	6.720		误差
14	SS	16.944	36.969	59.910	6.000
15	df	2	2	8	4
16	MS	8.470	18.480	7.490	1.500
17	F	5.647	12.320		
18	P值	0.068	0.020		

从表7.8中看到电感 L 的 $P=0.020$,是影响电流强度 y 的显著因素,因此可以确定电感 L 是这个实验的调节因素。

(5)验证实验。由于电流强度 y 是电感 L 的减函数,所以要把电感 L 的取值进一步减小。取 $L=0.01\,\mathrm{H}$,保持 $R=9.5\,\Omega$,仍按表7.4的噪声水平,计算出9个电流强度 y 值是:

$$9.994,10.844,11.576,9.913,10.993,8.796,10.089,8.101,9.085$$

平均值为9.932,很接近目标值10 A。信噪比为18.945,比 $L=0.02\,\mathrm{H}$ 时的19.585略为减小,但是仍然可以满意。

本例是一个经典的例子,很多有关稳健设计的教科书中都引用了这个例子。这个例子中可以找到电感 L 这个调节因素,完全实现了田口玄一博士的稳健设计思想。不过在很多场合下并不总是这样完美的,不能找到一个完全符合要求的调节因素,请看下面的例7.3。

7.3.2   综合噪声法

用内外表方法做稳健性设计时,总实验次数是内外表实验次数的乘积,因而需要大量的实验次数,这是它的一个主要缺点。这个缺点严重限制了其应用范围,通常只是针对可计算性项目才能真正使用这种方法。在必须通过实验才能得到实验结果而又不能承受所需的实验费用的情况下,可以采用综合噪声法进行稳健设计。

▶定义 7.5   不管有多少个噪声因素,也不管每个噪声因素有多少个水平,把这些噪声因素综合成一个 2 水平的综合噪声因素的方法,称为综合噪声法。这个综合噪声因素记作 N。

综合噪声的两个水平分别为:

N_1:负侧最坏水平,是使产品性能指标达到最小值的各噪声因素水平的组合。

N_2:正侧最坏水平,是使产品性能指标达到最大值的各噪声因素水平的组合。

例 7.3   一种用于矿山定时爆破的定时钟表,其定时 y 的规格要求为 $2.7\,s\pm0.1\,s$,这种钟表目前的稳健性较差。采用稳健性设计,选定 5 个可控因素,分别为:骑马轮外径 $A(mm)$、摆口宽度 $B(mm)$、摆角尺寸 $C(mm)$、发条力矩 $F(g\cdot mm)$、摆孔位置 $D(mm)$,每个因素都取 3 个水平,不可控因素是摆的对称度 E,因素各水平的具体数值略。另外把测时仪器 H 作为一个区组因素,用两台测时仪器做测量,是 2 水平区组因素。

零件间噪声水平是由 5 个可控因素的水平分别加减一个误差常数产生的,与不可控因素 E 共同构成 6 个噪声因素。选用 $L_{18}(2\times3^7)$ 正交表安排内表实验,这个问题不是可计算项目,如果用常规的内外表安排实验,即使噪声因素各取两个水平也需要 $18\times8=144$ 次实验,噪声因素各取 3 个水平则至少需要 $18\times18=324$ 次实验。

为了减少实验次数,采用综合噪声实验方法,噪声因素各取 2 个水平,然后将噪声因素综合为定时时间最短条件 N_1 和定时时间最长条件 N_2 这两种情况。

以内表的第 9 号实验 $H_1A_3B_3C_1F_3D_2$ 为例,H 是区组因素,不考虑噪声波动,这组搭配的 N_1 条件记作 $H_1A_3'B_3'C_1'F_3'D_2'E_1$,$N_2$ 条件记作 $H_1A_3''B_3''C_1''F_3''D_2''E_2$,其余情况依次类型。

这样对内表的每个水平搭配只做两次实验,总共做 $18 \times 2 = 36$ 次实验。实验安排、实验结果见表 7.9。

(1) 计算信噪比。计算结果也列在了表 7.9 中,其中有关的计算公式为:

$\bar{y}_i$ 的计算公式是在"J2"单元格内输入"$=$AVERAGE(H2:I2)";

V_i 的计算公式是在"K2"单元格内输入"$=$DEVSQ(H2:I2)/1";

SNR 的计算公式是在"L2"单元格内输入"$=10 * $LOG10(J2^2/K2 $-$ 1/2)"。然后再把公式复制到相应的区域内。

表 7.9　实验安排与信噪比

	A	B	C	D	E	F	G	H	I	J	K	L
1		H	A	B	C	F	D	y1	y2	$\bar{y}_i$	V_i	SNR
2	1	1	1	1	1	1	1	2.639	2.783	2.711	0.010 368	28.503
3	2	1	1	2	2	2	2	2.721	2.762	2.742	0.000 840	39.518
4	3	1	1	3	3	3	3	2.656	2.741	2.699	0.003 613	33.044
5	4	1	2	1	1	2	2	2.706	2.782	2.744	0.002 888	34.161
6	5	1	2	2	2	3	3	2.735	2.767	2.751	0.000 512	41.697
7	6	1	2	3	3	1	1	2.687	2.740	2.714	0.001 405	37.195
8	7	1	3	1	2	1	3	2.686	2.785	2.736	0.004 901	31.838
9	8	1	3	2	3	2	1	2.639	2.776	2.708	0.009 385	28.926
10	9	1	3	3	1	3	2	2.676	2.746	2.711	0.002 450	34.770
11	10	2	1	1	3	3	2	2.636	2.778	2.707	0.010 082	28.611
12	11	2	1	2	1	1	3	2.635	2.684	2.660	0.001 201	37.702
13	12	2	1	3	2	2	1	2.717	2.758	2.738	0.000 840	39.506
14	13	2	2	1	2	3	1	2.644	2.796	2.720	0.011 552	28.061
15	14	2	2	2	3	1	2	2.630	2.773	2.702	0.010 225	28.534
16	15	2	2	3	1	2	3	2.645	2.735	2.690	0.004 050	32.519
17	16	2	3	1	3	2	3	2.656	2.784	2.720	0.008 192	29.555
18	17	2	3	2	1	3	1	2.687	2.778	2.733	0.004 141	32.561
19	18	2	3	3	2	1	2	2.725	2.773	2.749	0.001 152	38.169

(2) 稳健设计。找出最稳健的因素水平搭配,从表 7.9 可以看到,内表的第 5 组搭配信噪比 SNR$=$41.697 最大,是最稳健的因素水平搭配,其水平搭配为 $A_2B_2C_2F_3D_3$。表 7.10 列出了各因素水平信噪比的平均值,为了节省篇幅,省略了部分内容。按照综合比较法所得的最稳健的因素水平搭配是 A_1B_3 $C_2F_2D_3$,与直接看到的结果有所不同。

(3) 分析因素对信噪比 SNR 的敏感性。采用方差分析,以信噪比为响应变量作方差分析,见表 7.10。从表中看到,所有因素的 P 值都大于 0.10,这时需要依次剔除最不显著的因素,依次剔除因素 F,A,D,H 后,得可控因素 B 和 C 的 P 值分别是 0.019 8 和 0.036 1,是对信噪比有显著影响的因素,而因素 A,F,D 是信噪比的不敏感因素,区组因素 H 也是信噪比的不敏感因素。

表 7.10　各因素水平信噪比平均值与方差分析

	H	A	B	C	F	D	SNR	误差
水平 1	34.41	34.48	30.12	33.37	33.66	32.46		
水平 2	32.80	33.69	34.82	36.46	34.03	33.96		
水平 3		32.64	35.87	30.98	33.12	34.39		
SS	11.664	10.224	112.510	90.581	2.513	12.320	338.86	99.046
df	1	2	2	2	2	2	17	6
MS	11.664	5.112	56.255	45.291	1.257	6.160		16.508
F	0.707	0.310	3.408	2.744	0.076	0.373		
P 值	0.433	0.745	0.103	0.142	0.928	0.703		

（4）灵敏度设计。分析各因素对实验指标定时 y 的敏感性,以内表每个处理下输出电流强度的平均值 $\bar{y}_i = (y_{1i} + y_{2i})/2$ 为响应变量作方差分析,得方差分析表 7.11。

表 7.11　各因素水平定时时间的平均值与方差分析

	H	A	B	C	F	D	$\bar{y}_i$	误差
水平 1	2.724	2.710	2.723	2.708	2.712	2.721		
水平 2	2.713	2.720	2.716	2.739	2.724	2.726		
水平 3		2.726	2.717	2.708	2.720	2.709		
SS	0.522 7	0.512 0	0.220 5	4.371 1	0.612 5	0.120 1	9.352 3	2.993 3
df	1	2	2	2	2	2	17	6
MS	0.522 7	0.256 0	0.110 3	2.185 6	0.306 3	0.060 1		0.498 9
F	1.047 8	0.513 1	0.221 0	4.380 9	0.613 9	0.120 4		
P 值	0.345 5	0.622 7	0.808 0	0.067 1	0.572 1	0.888 7		

注：表中的 SS 和 MS 两项数据是乘以 1 000 的数值,不影响 F 值和 P 值的计算结果。

从表 7.11 中看到,所有因素的 P 值都大于 0.05,这时需要依次剔除最不显著的因素,依次剔除因素 D,B,A,F,H 后,得可控因素 C 的 P 值 = 0.008 9,是对定时时间 y 有显著影响的因素,其余因素对定时时间 y 都没有显著影响。

（5）综合分析与验证实验。在这个实验中因素 B 和 C 是对信噪比有显著影响的因素,只有 C 因素对定时时间 y 有显著影响,而 C 因素同时也是影响信噪比的显著因素,或者说所有对信噪比不敏感的因素对定时时间 y 也都没有显著影响,所以不存在符合田口稳健设计要求的调节因素。略去不显著的因素,直接看到的最稳健的因素水平搭配是第 5 号实验 B_2C_2,综合比较法最稳健的因素水平搭配是 B_3C_2,从表 7.9 可以计算出这两个搭配下的信噪比和定时时间 y 的平均值都很接近,不妨取直接到看的搭配 B_2C_2。

第 5 号实验定时时间 y 的平均值为 2.751,与目标值相差 $2.751-2.7=0.051$(s),应该考虑再把定时时间 y 调小一些。由于只有 C 因素对定时时间 y 有显著影响,所以只能调整 C 因素。从表 7.11 可以看到把 C 因素向 C_1 水平和 C_3 水平调整时,定时时间 y 的平均值都由 2.739s 减小到 2.708s,但是所减小的信噪比幅度并不相同,由表 7.9 计算出 B_2C_1,B_2C_2,B_2C_3 搭配信噪比与定时时间 y 的平均值在表 7.12 中列出。

表 7.12   信噪比与定时时间 y 的平均值

	信噪比 SNR	定时时间 y
B_2C_1	$(37.702+32.561)/2=35.132$	$(2.660+2.733)/2=2.697$
B_2C_2	$(39.518+41.697)/2=40.608$	$(2.742+2.751)/2=2.747$
B_2C_3	$(28.926+28.534)/2=28.730$	$(2.708+2.702)/2=2.705$

从表 7.12 中可以看到,B_2C_1 和 B_2C_3 的定时时间 y 都与目标值 2.7 s 很接近,但是 B_2C_1 的信噪比为 35.132,大于 B_2C_3 的信噪比 28.730,因此应该选取 B_2C_1 作为最佳搭配。不显著的因素 A,D,F 参考其他条件确定为 $A_2D_2F_3$,5 个可控因素的最佳水平搭配是 $A_2B_2C_1D_2F_3$。把这个方案实验 30 次,全都是合格品,平均定时时间是 2.699 s,与目标值非常接近。而实验前使用的定时钟表的合格率仅为 67%。

前面的几个例子都是针对望目特性的,对于望大或望小特性质量指标一般只需要做稳健设计,而不需要做灵敏度设计,并且也难以找到调节因子。本书就不再举例说明了。

7.4　简单的稳健设计方法

前面几节的内容介绍了田口玄一博士的稳健设计方法,在实际工作中,很多场合下都可以用一些简单的方法达到稳健设计的效果,而不必(或者无法)照搬田口玄一博士的稳健设计方法。以下仅用一个例子做简要说明。

例 7.4 用一个六角车床车圆柱形转子轴,要求直径是 $0.250\pm0.001\,\text{in}$。而车床的公差是 $\pm0.0015\,\text{in}$[①],达不到精度的要求。工长想买一台新车床,要花 7 万美元。公司质量部门提出先寻找车床公差大的原因,提高车床的稳健性。

为此从上午 8 点到 12 点每小时车 3 个轴,对每个轴分别读出左右两侧的最大直径和最小直径,这样对每个轴得到 4 个实验数据。对这些数据用一种简单的多变量图方法绘制出下面的多变量图。

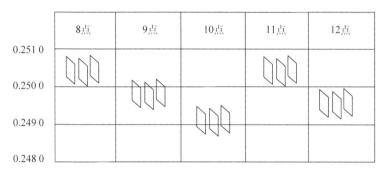

图 7.5 转子轴尺寸多变量图

图 7.5 表明不同时间的变异比不同单元的变异和单元内的变异要大得多,每天开工后轴的直径首先是递减,但是在 11 点钟又突然增大,恢复到 8 点开工时的水平,然后又开始了递减的过程。这为寻找变异的原因提供了线索,车床的温度被列为主要的怀疑对象。每天 8 点开工时车床车出的轴直径偏大,但是在生产过程中车床的温度会逐渐升高,随着车床温度的升高车出的轴直径逐渐减小。11 点以前有一段工间休息时间,这会使车床重新冷却,于是又车出了偏大的直径,之后随着车床温度的提高所车出的轴直径又会逐渐偏小。

图 7.6

现在已经初步断定车床温度升高是造成轴直径误差的主要原因,接下来就是解决车床温度升高的问题。工长发现这是由于冷却剂用的少,当冷却剂增加到适当水平,占总变异 60% 的不同时间的变异就被消除了。

继续分析前面的多变量图发现变异的第二大来源是单元内的差异,轴的

---

① 1 in=25.4 mm。

最大和最小直径间存在较大的差异,也就是不圆度大。由大的不圆度追逐到一根磨损的轴承,换了一根新轴承,连人工只花了 200 美元,又减小了总变异的 20%。

轴承直径变异的第三个来源是轴承左右两端的直径存在差异,其中轴右侧的直径普遍小于左侧的直径。其原因是切削工具没有与轴平行,微调一下又减小了 10% 的变异。

通过多变量图发现并消除了占轴承直径总变异 90% 的影响因素,现在这台老车床的公差不再是 ±0.001 5 in,而是 ±0.000 1 in,达到了高度的稳健性。

在这个案例中并没有用到高深的统计技术,只是使用了多变量图这种普通的统计图表分析技术,是针对具体问题的灵活有效的分析方法。这个例子告诉我们的道理是,对实验结果的分析不能拘泥于"规范"的方法,而是要针对具体的问题使用各种灵活有效的分析方法。

思考与练习

思考题

7.1　解释稳健性的概念,说明稳健性设计的思想和意义。

7.2　稳健性与稳定性的异同点是什么?

7.3　什么是平均损失?降低平均损失的两个步骤是什么?

7.4　望目、望小、望大质量特性的稳健设计的异同点是什么?

7.5　什么是调节因素?如何做灵敏度设计?

7.6　简述内外表设计的方法。

7.7　简述用综合噪声因素作稳健性设计的意义和作用。

7.8　除了田口稳健性设计方法以外,谈谈其他提高产品稳健性的方法。

练习题

7.1　一种电器的功率与电路电压和电器阻值的关系是 $P = U^2/R$,功率 P 的目标值是 0.5 W,电路的电压 U 有 1.5,3.0,4.5,6.0 V 这 4 种水平选择。为了达到功率的目标值是 0.5 W,电压 U 和电阻 R(单位:Ω)之间可以有 4 种搭配方式 (1.5, 4.5),(3.0, 18.0),(4.5, 40.5),(6.0, 72.0)。在电压 U 的 1.5,3.0,4.5,6.0 V 这 4 种水平下分别会有 ±0.1,±0.14,±0.17,±0.20 V 的波动,在电阻 R 的每种水平下实际会有 10% 的波动。问应该选择电压 U 和电阻 R 的哪一种搭配方式才能使电器的功率最稳定。

7.2　在一项关于活塞气动换向实验的研究中,实验指标是换向本速度 y,其目标值是 $96\ mm/s$。影响实验指标的 3 个可控因素是换向行程 $X(mm)$,活塞直径 $D(mm)$,汽缸气压 $P(kgf/mm^2)$;影响实验指标的 3 个外噪声因素是换向阻力 $F(kgf)$,系统重量 $W(kg)$。实验指标 y 与 6 个影响因素的关系是:

$$y=\sqrt{\frac{1}{W}Xg\left(\frac{1}{2}\pi D^2 P-2F\right)}\quad(mm/s)$$

其中 $g=9\,800\ mm/s^2$ 是重力加速度,$\pi=3.142$ 是圆周率。如果根号内的数值为负数时则取 $y=0$。因素与噪声水平如下表:

	水　平	1	2	3
可控因素	X	52	56	60
	D	22	24	26
	P	0.22	0.26	0.30
噪声因素	X'	$X-0.2$	X	$X+0.2$
	D'	$D-0.1$	D	$D+0.1$
	P'	$P-0.02$	P	$P+0.02$
	F	73	75	77
	W	85	90	95

(1) 用内外表稳健性设计方法寻找符合要求的稳健搭配,其中内表使用 $L_9(3^4)$ 正交表的前 3 列,外表使用 $L_{18}(2^1\times 3^7)$ 的第 2～6 列。

(2) 用综合噪声法作稳健性设计,使用 $L_9(3^4)$ 正交表安排 X,D,P 这 3 个因素,其中:

　　N_1 条件为:$X-0.2,D-0.1,P-0.02$ 和 F_3,W_3

　　N_2 条件为:$X+0.2,D+0.1,P+0.02$ 和 F_1,W_1

7.3　结合你的工作找出一个稳健设计的问题,用所学的方法解决这个问题。

第 **8** 章

可靠性设计与寿命实验

产品的可靠性是产品的重要质量特性之一,提高产品可靠性的关键是科学的可靠性设计,本章介绍有关可靠性设计问题。从统计学的规律来看,人和其他生物的寿命与产品寿命的统计规律是有很多相同之处的,本章最后一节介绍的生存分析就是生命的"可靠性分析"。

8.1 可 靠 性

第二次世界大战后,为了迅速提高武器装备的性能,各国在军火的生产制造中越来越多地使用了新技术和新材料,特别是使用了大量电子元器件,从而使武器装备日趋复杂,加之装备的使用环境日趋严峻和新技术的不成熟,导致武器装备故障频繁。于是美国国防部在1952年成立了电子设备可靠性咨询组(AGREE)。经过5年的研究,该咨询组于1957年发表了《军用电子设备可靠性》的研究报告,成为世界上可靠性工程发展的奠基性文件,也确定了可靠性工程的发展方向,这标志着可靠性已经成为一门独立的学科。

8.1.1 可靠性的概念

▶定义 8.1 产品在规定的条件下和规定的时间内完成规定功能的能力称为产品的可靠性(reliability)。

(1)规定的条件。包括使用条件、维护条件、环境条件和操作条件等。产品的可靠性和它所处的使用条件密切相关,家用电器在夏季高温时期容易发生故障,衣物在潮湿的南方常出现虫蛀,使用条件越恶劣产品的可靠性就越低。

（2）规定的时间。规定时间的长短随着产品的不同和使用目的的不同会有很大的差异,例如火箭发射系统只需要在几分钟内可靠,多数家用电器的设计寿命是十年,而海底电缆则需要数十年甚至上百年的可靠。我国在 2003 年 10 月 15 日使用"长征二号 F"型运载火箭发射了中国自行设计制造的我国首次载人"神州五号"航天飞船,这艘飞船环绕地球飞行 1 圈,历时 21 h,只需要在这 21 h 内可靠。规定的时间也可以是广义的,例如汽车可以用里程反映可靠性,电冰箱门可以用开闭次数反映可靠性。

（3）规定的功能。用产品的各种性能指标反映,把产品丧失规定功能的状态称为故障。其中不可修复的故障称为失效,例如灯丝烧断、电子元件老化等。在可靠性管理中,明确给出故障或失效的判据是很重要的,否则会产生争议。

可靠性工程就是在上述三个规定下,研究产品发生故障或失效时间的统计规律性,为提高可靠性提供数量依据的学科。

8.1.2　可靠性的度量

1　可靠度

▶定义 8.2　产品在规定的条件下和规定的时间内完成规定功能的概率称为产品的可靠度。

可靠度是时间的函数,用 $R(t)$ 表示,其数学表达式为：

$$R(t) = P(T > t) \tag{8.1}$$

其中 T 是产品发生故障或失效的时间,也称为寿命;t 是规定的时间。

可靠度与可靠性定义的差别仅在于把"能力"换成"概率",概率是对能力的一种量化,后面讲到的平均寿命、失效率都是从不同的方面对能力的量化,也都是从统计意义上对能力的阐述。

在测试和计算产品的可靠度时,需要注意一些相关的问题。例如产品的可靠性和维修性是密切相关的,产品在规定的条件下和规定的时间内,按规定的程序和方法进行维修时,保持或恢复执行规定状态的能力称为维修性。例如购买一辆新汽车后,要按规定时间或里程到指定维修点进行保养。产品的可靠度是按照进行了规定的维修保养的情况计算的,如果没有做规定的维修保养,产品就容易发生故障,达不到预计的可靠度。

与可靠度相对应的另一个概念是累积故障分布函数 $F(t)$,是产品在规定的条件下和规定的时间内不能完成规定功能的概率,其数学表达式为：

$$F(t) = P(T \leqslant t)$$

产品发生故障和不发生故障是两个对立事件,因此

$$R(t) + F(t) = 1$$

从数学关系上说 $R(t)$ 和 $F(t)$ 是等价的,在可靠性研究的应用中,用 $R(t)$ 函数描述产品寿命问题更方便实用。与此相似,在生存分析的研究中也引入生存概率函数描述生存寿命问题。

$R(t)$ 是时间 t 的减函数,$R(0)=1$,$R(+\infty)=0$,见图 8.1(a)。

$F(t)$ 是时间 t 的增函数,$F(0)=0$,$F(+\infty)=1$,见图 8.1(b)。

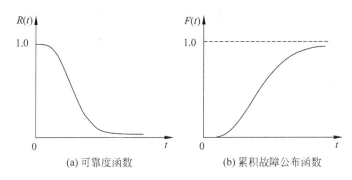

(a) 可靠度函数   (b) 累积故障公布函数

图 8.1 可靠度与累积故障分布函数

这里 $R(0)=1$ 是假定产品在初始时刻是能够正常工作的,谈到产品的可靠性时总是针对合格品而言的。

把产品的寿命 T 看做一个连续型随机变量,累积故障分布函数 $F(t)$ 也就是寿命 T 的概率分布函数,而连续型概率分布函数具有概率密度函数,并且具有一些常见的分布形式。

对累积故障分布函数 $F(t)$,人们从长期的实践中总结出了几种常用的分布函数,见表 8.1。

寿命分布的时间 t 的取值是非负的,而正态分布理论上可以取负值,似乎不适合于表示寿命分布,其实只要适当选择正态分布的参数取值,其取负值的概率可以非常小,完全可以用来近似表示寿命分布。

韦布尔(Weibull)分布是可靠性中常用的分布之一,是韦布尔在研究金属材料的疲劳寿命中推导出来的。韦布尔分布以最弱环模型作为实际背景。最弱环模型认为故障发生在产品的构成因素中的最弱部位,这相当于链条的寿命取决于最弱环节。大量的实践表明,凡是因为某一局部失效而导致整个系统失效的系统寿命都服从或近似服从韦布尔分布,大部分机械产品的寿命

都服从韦布尔分布。

表 8.1　几种常用的故障分布函数

分布名称	概率密度函数 $f(t)$	可靠度 $R(t)$	平均寿命 MTTF
指数分布	$\lambda e^{-\lambda t}, t>0$	$e^{-\lambda t}$	$1/\lambda$
正态分布	$\dfrac{1}{\sqrt{2\pi}\sigma}e^{-\frac{(t-\mu)^2}{2\sigma^2}}$	$1-\Phi\left(\dfrac{t-\mu}{\sigma}\right)$	μ
对数正态分布	$\dfrac{1}{\sqrt{2\pi}\sigma t}e^{-\frac{(\ln t-\mu)^2}{2\sigma^2}}, t<0$	$1-\Phi\left(\dfrac{\ln t-\mu}{\sigma}\right)$	$e^{\mu+\frac{1}{2}\sigma^2}$
韦布尔分布	$\alpha\lambda t^{\alpha-1}e^{-\lambda t^{\alpha}}, t>0$	$e^{-(\lambda t)^{\alpha}}$	$\Gamma\left(\dfrac{1}{\alpha}+1\right)\lambda^{-\frac{1}{\alpha}}$

指数分布是韦布尔分布参数 $\alpha=1$ 的特例,由下一部分的内容可以知道,指数分布的故障率函数是常数 λ。现代电子产品的寿命通常很长,并且性能稳定,就服从或近似服从指数分布。

如果一个随机变量 T 的对数函数 $\ln T$ 服从正态分布,则称该随机变量 T 服从对数正态分布。所取的对数可以是以自然数 e 为底的自然对数也可以是以 10 为底的常用对数。对数正态分布也是可靠性中常用的分布之一,各种生物的寿命,人的收入,也包括很多产品的使用寿命都服从对数正态分布。有些场合我们收集的数据本身并不服从正态分布,但是对这些数据取对数后就服从正态分布,其道理就是这类数据本身服从对数正态分布。

由本章第 3 节"可靠性实验"的内容,可以由样本数据确定出寿命分布的类型,从而得到可靠度函数。

可靠度函数也可以用频数估计,例如某地路灯共用了 10 000 只同型号灯泡,在累计使用 500 h 后,有 200 只失效,则这 10 000 只灯泡在 $t=500$ h 的可靠度是:

$$R(500)=\frac{10\,000-200}{10\,000}=0.98=98\%$$

对一般情况,一批产品的批量 N 充分大,从中随机抽取 n 件产品测试,到 t 时刻有 $n(t)$ 件产品失效,仍有 $n-n(t)$ 件产品正常工作,其中 $n(0)=n$,则在 t 时刻正常工作的频率是:

$$R_n(t)=\frac{n-n(t)}{n}$$

频率 $R_n(t)$ 是可靠度 $R(t)$ 的估计值,对不同的 t 值统计出产品的失效数

$n(t)$，计算出 $R_n(t)$，就可以绘制出可靠度函数 $R(t)$ 的曲线图形。

2　故障率函数

▶定义 8.3　工作到某时刻尚未发生故障（失效）的产品，在该时刻后单位时间发生故障（失效）的概率称为产品的故障（失效）率，也称瞬时故障（失效）率。

故障率用函数 $\lambda(t)$ 表示，其计算公式为：

$$\lambda(t) = \frac{f(t)}{R(t)} = \frac{f(t)}{1 - F(t)} = \frac{F'(t)}{1 - F(t)}$$

设一批产品的批量 N 充分大，从中随机抽取 n 件产品测试，到 t 时刻有 $n(t)$ 件产品失效，仍有 $n - n(t)$ 件产品正常工作，其中 $n(0) = n$，假设在 t 时刻后的 Δt 时间内又有 Δn 件产品失效，那么我们前面学到的几个可靠性度量值是

$$R_n(t) = \frac{n - n(t)}{n}, \quad F_n(t) = \frac{n(t)}{n}$$

$$f_n(t) = \frac{\Delta n}{\Delta t \cdot n}, \qquad \lambda_n(t) = \frac{\Delta n}{\Delta t \cdot (n - n(t))}$$

其中下标 n 表示该度量值是由 n 件产品计算的频率值。从上面的表达式可以清楚地看出概率密度和故障率的关系，两者都反应产品的故障发生率，但是概率密度是以初始产品数 n 为基数，它表示故障数目在时间上的分布。而故障率是以 t 时刻未失效的产品数 $n - n(t)$ 为基数，它反应故障数目占未失效的产品数的比例，能够动态地反映产品失效的速度。

指数分布的故障率函数是常数 λ，与平均寿命互为倒数。

韦布尔分布的故障率函数 $\lambda(t) = \lambda^{\alpha} \alpha t^{\alpha-1}$，当 $\alpha > 1$ 时是时间 t 的增函数，表示随着使用时间的增加产品出现故障的可能性也逐渐增大，这是多数产品所具有的性质。

3　平均寿命

▶定义 8.4　平均寿命也称为平均失效前时间（mean time to failure，简称 MTTF），表示产品从投入使用到发生故障前正常运行时间的平均值，通常用于不可修复产品，也用于某些长寿命产品，例如电冰箱。

对于可修复产品，也可以用平均故障间隔时间（mean time between failure，简称 MTBF）表示产品的平均寿命，它表示两次故障间隔的平均时间。

设 n 件产品在规定条件下进行寿命实验，其失效时间分别为 $t_1, t_2, \cdots, t_n$，

则平均寿命为

$$\mathrm{MTTF} = \frac{1}{n} \sum_{i=1}^{n} t_i$$

如果产品的故障是不可修复的,则 MTTF＝MTBF。反之,对于可以完全修复的产品,每次修复后的状态与新产品完全一样,仍然有 MTTF＝MTBF。多数产品的故障都是可以修复但是并不能完全修复的,所以对一般情况有 MTTF＞MTBF。

当产品的寿命服从指数分布时,产品的故障率为常数 λ。这表明产品在时间段 $(t_0, t_0 + \Delta t)$ 内发生故障的概率只与时间间隔 Δt 有关,而与起点 t_0 无关。也就是说服从指数分布的产品不会发生老化现象,已经使用时间 t_0 的产品能再使用时间 Δt 不发生故障的概率与产品直接使用时间 Δt 不发生故障的概率相等,指数分布的这个性质在统计学中称为无记忆性。

很多场合寿命实验数据都是有删失的数据或截尾数据,这时计算平均寿命比较复杂,将在 8.3 节介绍。

产品在规定条件下储存时仍能满足规定质量要求的时间长度称为储存寿命。排除产品故障所需的直接维修时间的平均值称为平均修复时间(mean time to repair,简记 MTTR)。

4　浴盆曲线

产品的故障率在不同的使用时期具有不同的特点,可以划分为三个不同时期:

(1) 早期故障期。在产品投入使用的初期,产品的故障率较高,且具有迅速下降的特征。这一时期产品的故障原因主要是由于产品的设计不当、原材料不均匀、制造工艺缺陷等原因引起的。例如电容器由于混入导电微粒击穿;家用电器由于虚焊和元件缺陷在最初使用时就很容易出故障。

(2) 偶然故障期。在产品投入使用一段时间后,产品的故障率已经降低到一个较低水平。并且基本保持稳定,故障率近似为常数,这一阶段就是偶然故障期,也称为随机失效期,这是产品工作的最好时期。在这一时期产品的故障是由内在和外界的多种因素造成的,但是每种因素都不严重,发生故障纯属偶然。

(3) 耗损故障期。在产品投入使用相当长的时间后,由于产品材料的老化、疲劳磨损、腐蚀等耗损性因素引起产品的故障率迅速上升,这时产品就进入了耗损故障期。

当然,并非所有产品的故障率曲线都是明显的分为以上三个阶段,例如高等级的电子产品其故障率曲线在其寿命期内基本保持为一条水平的直线，其故障率分布属于指数分布。而质量低劣的产品可能不存在偶然故障期而直接进入耗损故障期。

大多数产品的三个故障率时期随时间的变化曲线形状像浴盆，如图 8.2 所示，所以将故障率曲线形象地称为浴盆曲线。

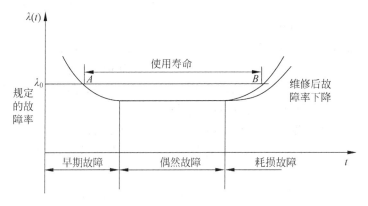

图 8.2　浴盆曲线

在可靠性管理中，很多产品设定有规定的故障率 λ_0，只有故障率低于 λ_0 的产品才可以投入使用，由于产品早期故障率较高，厂方需要采用预先筛选技术和加负荷实验使这些有缺陷的产品尽早暴露出来，使剩余的产品有较低的故障率。当这些剩余的产品的故障率已经达到或低于规定的故障率 λ_0，就可以出厂交付使用了，产品的使用寿命从这一时间点开始计算，这一时间点称为交付使用点。

产品从交付使用点开始，可以很快进入偶然故障期，这是一个长时间的低故障阶段，故障率基本保持为一个常数 λ，产品可靠度的分布就服从参数为 λ 的指数分布，这是产品使用的最好阶段。随着使用时间的延长，产品最终进入耗损故障期，故障率开始迅速提高，不久就会达到规定的故障率 λ_0，这时对一些可能出现严重故障的产品，即使产品当时没有出现故障，也要立即淘汰更新，以免造成严重后果。这一时间点也就是产品使用寿命的终结点。例如对老化的电线、达到报废里程的汽车等，必须按照规定更新淘汰，不能存有侥幸心理。多数产品在进入耗损故障期时，可以通过对耗损零部件的更换和维修降低产品的故障率，延长产品的使用寿命。

8.2　可靠性设计

从根本上说产品的可靠性是设计出来的,设计出符合要求的产品是生产出符合要求产品的前提条件。可靠性设计的内容有很多,包括规定可靠性要求、建立可靠性模型、进行合理的可靠性分配、容错设计、可靠性预计、可靠性分析、维修性设计等多方面的内容。本节仅结合统计学的应用介绍几个基本的内容。

8.2.1　应力-强度可靠度设计

可靠性设计中的一个常见情况是应力-强度的关系问题,应力用 L 表示,是对产品功能有影响的各种外界作用的总称,表现为对产品的破坏力。产品强度用 S 表示,是产品所能承受的应力作用的能力,例如所能承受的压力、温度、电压等。当产品的强度大于应力时,产品正常工作,是可靠的;反之则工作不正常,或者出现故障,是不可靠的。

应力-强度可靠度设计方法有两种,一是可靠度安全系数法;二是可靠度概率计算法。

1　可靠度安全系数法

安全系数法是应力-强度可靠度设计的传统方法,其思路是把零件的强度 S 和应力 L 看成固定常量,二者的比值 S/L 定义为安全系数 n,反映强度对应力的(相对)裕度。若 n 大于或等于许用安全系数 n_0,则认为零件安全可靠;否则不可靠。安全系数法的优点是简便易行,在复杂系统的可靠度设计中是一种实用的方法,一直沿用至今,但存在不少缺陷:

(1)应力看成固定常量,与实际不符。例如不同的载重量、路面、车速等行驶条件,对汽车的应力作用就大不相同。一般情况可以认为应力是服从某种统计分布的随机变量。

(2)强度也不是确定量。即使用同一批材料、同样的加工方法加工成同样的零件,在同样条件下试验,所得到的材料机械性能数据也是有差异的。例如轴承寿命,两个上述条件都相同的轴承,其寿命可能相差几倍。所以强度值也要看作是服从某种统计分布的随机变量。

(3)安全系数数值意义不明确。例如 $n=1.5$ 所设计的零件,形式上有 50% 的裕度,即能承受 50% 的超载。而实际可能超载 100% 尚未破坏,也可能仅受额定载荷的 90% 就发生破坏。为了解决这种难以确定的情况，保证产品安全，设计时往往采用过大的安全系数，这样会导致产品重量增加、体积过大，既增加了生产成本，也会降低产品的市场竞争力。

2　可靠度概率设计法

当把强度和应力都看作随机变量时，产品的应力——强度可靠度 R 可以表示为以下概率：

$$R = P(S-L>0) = P\left(\frac{S}{L}>1\right)$$

如果把强度和应力都看作是使用时间 t 的函数，那么这个定义和(8.1)式定义的可靠度函数的实际意义是相同的。

记产品强度的平均值为 μ_S，标准差为 σ_S；应力的平均值为 μ_L，标准差为 σ_L。记 $W=S-L$ 为产品的（绝对）裕度，则

$$\mu_W = \mu_S - \mu_L$$
$$\sigma_W = \sqrt{\sigma_S^2 + \sigma_L^2}$$

称

$$u = \frac{\mu_S - \mu_L}{\sqrt{\sigma_S^2 + \sigma_L^2}}$$

为联结方程，其中 u 称为可靠度系数。联结方程把结构强度、应力与结构可靠度联系起来。如果强度和应力都服从正态分布，由可靠度系数就可以计算出相应的可靠度，公式为

$$R = P(W>0) = \Phi(u)$$

例 8.1　某构件的抗压强度 $S(\mathrm{t/m^2})$ 服从正态分布 $N(152, \sigma_S^2)$，应力 $L(\mathrm{t})$ 服从正态分布 $N(113, \sigma_L^2)$：

(1) 已知 $\sigma_S=15.6$，$\sigma_L=14.7$，该构件面积为 $1\,\mathrm{m^2}$，求构件的安全系数和可靠度。

(2) 已知 $\sigma_S=8.6$，$\sigma_L=8.7$，该构件面积仍为 $1\,\mathrm{m^2}$，求构件的可靠度和安全系数。

(3) 在 $\sigma_S=8.6$，$\sigma_L=8.7$ 时，如果要求可靠度大于 0.99999，求构件需要多大的面积，此时的安全系数是多少？

解　(1) 安全系数　$n=\mu_S/\mu_L=152/113=1.35$

可靠度系数　$u=\dfrac{\mu_S-\mu_L}{\sqrt{\sigma_S^2+\sigma_L^2}}=\dfrac{152-113}{\sqrt{15.6^2+14.7^2}}=1.819$

可靠度　　　　　　$R = \Phi(u) = \Phi(1.819) = 0.965\,6$

（2）安全系数　　$n = \mu_S / \mu_L = 152/113 = 1.35$

可靠度系数　　　　$u = \dfrac{\mu_S - \mu_L}{\sqrt{\sigma_S^2 + \sigma_L^2}} = \dfrac{152 - 113}{\sqrt{8.6^2 + 8.7^2}} = 3.188$

可靠度　　　　　　$R = \Phi(u) = \Phi(3.188) = 0.999\,3$

（3）记构件的面积为 $A(m^2)$，承重能力为 $S_A \sim N(152A, \sigma_S^2 A^2)$，对可靠度 $R = 0.999\,99$，用 Excel 软件公式"=NORMINV(0.999 99,0,1)"计算得可靠度系数 $u = 4.265\,457$，得方程：

可靠度系数　　　　$u = \dfrac{\mu_{SA} - \mu_L}{\sqrt{\sigma_{SA}^2 + \sigma_L^2}} = \dfrac{152A - 113}{\sqrt{8.6^2 A^2 + 8.7^2}} = 4.265\,457$

解得构件面积　　　$A = 1.132\,(\mathrm{m}^2)$

安全系数　　　　　$n = \mu_{SA} / \mu_L = 152A/113 = 1.52$

从这个简单的例子可以看出可靠度概率设计法比传统的安全系数法更具有科学性。当强度和应力的平均水平给定时，如果标准差减小，则可靠度增加。而安全系数只与均值有关，不能准确地度量可靠性。

一般情况下，安全系数法过于保守，会增加构件不必要的部分。而可靠度概率设计法则依赖于强度和应力概率分布的正确性，不仅要求有分布的平均值，还要求知道分布的标准差，并且要求分布具有正态性，这增加了可靠度概率设计法的难度。

8.2.2　系统的可靠性

▷定义 8.5　系统是由若干个单元有机构成的可完成一定功能的综合体。

1　串联系统

常见的系统模型是串联和并联模型。一个系统由 n 个单元 $A_1, A_2, \cdots, A_n$ 构成，假如每个单元都正常工作时系统才能正常工作，或者说系统中任一单元出现故障就导致整个系统出现故障，这样的系统称为串联系统，见图 8.3。假如这 n 个单元工作状态相互独立，则串联系统的可靠度为：

$$R(t) = \prod_{i=1}^{n} R_i(t) \tag{8.2}$$

例 8.2　（1）由 3 个相互独立的单元组成的串联系统，每个单元在 $t = 1\,000\,\mathrm{h}$ 的可靠度分别是 0.50, 0.70, 0.90，问在相同的规定时间内此串联系统

图 8.3　串联系统

的可靠度是多少?

（2）假如该串联系统是由 100 个同型号的元件构成,每个单元在 $t = 1\,000\,h$ 的可靠度都是 0.990,系统的可靠度是多少?

（3）为了使 100 个元件构成的串联系统的可靠度达到 0.90,每个元件的可靠度应该是多少?

解　（1）按公式(8.2)得 3 个独立单元串联的可靠度是:
$$0.50 \times 0.70 \times 0.90 = 0.315$$
可见串联系统的可靠度小于每一个单元的可靠度。

（2）100 个可靠度都是 0.990 的独立单元串联的可靠度是:
$$(0.990)^{100} = 0.366$$

这里虽然每一个单元的可靠度都高达 0.990,但是串联系统的可靠度仅有 0.366。

（3）假设每个单元的可靠度为 r,可列出方程式
$$r^{100} = 0.90$$
解得　　　　　　　　　　$r = 0.998\,95$
可见提高一个复杂串联系统的可靠度是非常困难的。

2　并联系统

一个系统由 n 个单元 $A_1, A_2, \cdots, A_n$ 构成,只要有一个单元能正常工作整个系统就能正常工作,或者说只要有一个单元不发生故障整个系统就不发生故障,这样的系统称为并联系统,见图 8.4。假如这 n 个单元的工作状态相互独立,则并联系统的可靠度为:

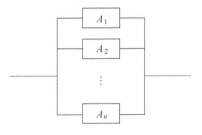

图 8.4　并联系统

$$R(t) = 1 - \prod_{i=1}^{n} (1 - R_i(t)) \tag{8.3}$$

需要指出的是,可靠性中的串并联系统和物理学中的串并联关系并不相同,物理学中的串并联是按元件端点的连接方式确定的。例如几个按接口串联在一起的警报器,只要其中的一个警报器能够正常报警就认为这个报警系

统工作正常,从报警的可靠性上看这个系统是并联系统。而对于物理学中的并联关系,如果其中一个元件出现故障整个系统就不能正常工作,那么也认为是可靠性中的串联系统。

例 8.3　(1) 由 3 个相互独立的单元组成的并联系统,每个单元在 $t=1\,000$ h 的可靠度分别是 0.50,0.70,0.90,问在相同的规定时间内此并联系统的可靠度是多少?

(2) 为了使 10 个元件构成的并联系统的可靠度达到 0.990,每个元件的可靠度应该是多少?

解　(1) 按公式(8.3)得 3 个独立单元并联的可靠度是:
$$1-(1-0.50)\times(1-0.70)\times(1-0.90)=0.985$$
可见并联系统的可靠度大于每一个单元的可靠度。

(2) 假设每个单元的可靠度为 r,可列出方程式
$$1-(1-r)^{10}=0.99$$
解得
$$r=0.369$$

10 个可靠度仅为 0.369 的单元并联所得系统的可靠度高达 0.99,可见提高一个并联系统的可靠度是很容易的。

3　可靠性分配

可靠性分配就是把对系统可靠性总的定量要求分配到各单元,使系统和单元的可靠性定量要求协调一致,对于重要的局部其可靠性要高一些。一个经济的可靠性分配方式是,当产品达到使用寿命期限时其每个局部也同时达到了寿命期限,这就避免了材料的浪费。

必须根据系统组成部分可靠性的实验数据、薄弱环节和提高可靠性到一定水平需要的资源进行综合权衡后,才能协调出合理的可靠性分配值。因此,可靠性分配是一个工程问题而不仅是一个数学问题。

如果系统中每个单元的寿命都服从指数分布,设第 i 个单元的故障率为 λ_i,可靠度 $R_i(t)=\exp(-\lambda_i t)$,则串联系统的可靠度为:

$$R(t)=\prod_{i=1}^{n}R_i(t)=\prod_{i=1}^{n}\exp(-\lambda_i t)$$
$$=\exp(-\lambda_1 t-\cdots-\lambda_n t)$$
$$=\exp[-(\lambda_1+\cdots+\lambda_n)t]$$

可见串联系统的寿命仍然服从指数分布,故障率是每个单元故障率之和,$\lambda=\lambda_1+\cdots+\lambda_n$。于是串联系统可靠性分配也等价于故障率的分配。

8.3　可靠性实验

可靠性实验是指在系统的设计、制造、运行以及维护保养全过程中为确认可靠性而进行的各种实验。根据实验目的的不同,可分为寿命实验、故障率实验、环境适应实验等,实验的对象既可以是整机,也可以是部件和元器件。可靠性实验是可靠性工程最基本的环节之一。

8.3.1　可靠性实验的种类

1　按实验内容划分的可靠性实验

(1) 可靠性寿命实验。通常采用的是破坏性寿命实验。其任务是在规定的条件下,抽取一定数量的样品做寿命实验,记录每个元器件失效时间,进行全部数据的统计分析,求出元器件的可靠性指标,用以评价产品的可靠性水平,并进一步分析产品失效的原因,提出提高可靠性的措施。可靠性寿命实验是各种可靠性实验中的最主要内容,也是与统计方法关系最密切的内容,将在后面的内容中详细介绍。

(2) 可靠性环境应力实验。环境应力实验是研究各种环境条件对元器件的影响。环境应力是指产品工作时所承受的不利环境条件,如温度、湿度、电压、污染、振动雾、宇宙线辐射、核辐射及霉菌等。

(3) 可靠性筛选实验。是对合格产品进行全数检查,淘汰潜在的早期失效元器件,以提高整批元器件的可靠性。可靠性筛选实验是提高产品可靠性的行之有效的基础工作。

(4) 整机可靠性鉴定实验。安排于新产品试制成功以后,目的是为了验证设备设计能否在规定的环境条件下满足规定的性能及可靠性要求。这种实验是以寿命实验的方式进行的,要求对设备的平均寿命作出定量的鉴定。

(5) 整机可靠性验收实验。当产品投入连续生产后、应对整机安排一系列定期实验,用以确定设备能否满足相应的性能和可靠性要求,用来确定每批产品是否可以出厂交付使用。可靠性验收实验虽然也是以寿命实验的方式进行的,但它只要求制定一个简单的验收方案和验收标准,供实验工作人员掌握并作出判断。可靠性验收方案及其验收标准称为可靠性抽样检验方案。

(6) 可靠性增长实验。是在规定的环境应力下为暴露产品薄弱环节或证明所采取的改进措施对防止薄弱环节再现的有效性所做的可靠性验证实验。

2　按实验目的划分的可靠性实验

（1）工程实验。是用工程的方法剔除或发现由不良元器件或工艺缺陷引起的产品可靠性缺陷，环境应力实验和筛选实验属于工程实验。

（2）统计实验。是指用统计方法设计实验，分析实验结果，说明产品的统计性质。寿命实验属于统计实验，有些可靠性实验是工程实验和统计实验相结合的实验。

3　按实验场所划分的可靠性实验

（1）现场实验。是把产品放在实际使用条件下所进行的实验，由此得到的数据是珍贵的，但是实验的工作繁重、投资大、时间长，并且现场的环境变化多，也使数据的可比性低，因此现场实验只是在不得已的场合才采用。

（2）模拟实验。也称为实验室实验，它是将现场使用的主要工作条件在实验室内模拟，并受到人工控制，保证了实验数据的可比性。同时实验的管理简便、投资小，是主要的可靠性实验方式。需要指出的是，实验室实验可以模拟现场条件，也可以不模拟现场条件，可以加强或减弱环境应力以考察产品对不同使用条件的适应能力，建立可靠性与使用条件的数学模型。但是由于现场使用条件的复杂多样性，也不可能把现场工作条件全部搬到实验室内，所以对模拟实验所得的结论有时还要经过现场实验的验证。

8.3.2　寿命实验

寿命实验的特点是所需要的实验时间往往很长，有时不能把实验全部做完，因此缩短寿命实验的时间是可靠性实验中的一个重要课题。常见的寿命实验有以下几种类型。

1　完全寿命实验

把 n 个实验单元投入实验直到全部出现故障（或失效）才停止的实验称为完全寿命实验，是常规的实验方式，所获得的 n 个故障时间数据称为完全样本。这时前几章介绍的各种实验的设计与分析方法都可以直接使用。由于寿命实验需要的时间较长，所以要尽量用整体设计做同时实验，实验的影响因素要尽量安排全，争取在一个批次就把实验做好。习题 8.6 是一个用正交设计做的完全寿命实验。

2　截尾寿命实验

把 n 个实验样品实验到部分出现故障就停止的实验称为截尾寿命实验，

分为定时截尾和定数截尾寿命实验两种类型。

（1）定时截尾寿命实验。是将实验进行到指定时间 t_0 就停止的实验,这时样本中出现故障的样品个数 r 是随机的,事先无法知道,恰当地规定实验停止时间是实施定时截尾寿命实验的关键。

记 r 个出现故障的样品的寿命依次为

$$t_1 \leqslant t_2 \leqslant \cdots \leqslant t_r (\leqslant t_0)$$

还有 $n-r$ 个产品在时刻 t_0 仍未失效,所以总实验时间是

$$T_r = t_1 + t_2 + \cdots + t_r + (n-r)t_0$$

（2）定数截尾寿命实验。是将实验进行到出现指定的失效个数 r 就停止的实验,这时实验停止时间是随机的,事先无法知道,因此恰当地规定失效个数是实施定数截尾寿命实验的关键。

记 r 个出现故障的样品的寿命依次为:

$$t_1 \leqslant t_2 \leqslant \cdots \leqslant t_r$$

还有 $n-r$ 个产品在时刻 t_r 仍未失效,所以总实验时间是

$$T_r = t_1 + t_2 + \cdots + t_r + (n-r) t_r$$

如果产品寿命服从指数分布,对以上两种形式的截尾寿命实验有

平均寿命　　　　　　　　MTTF$=T_r/r$

故障率　　　　　　　　　$\hat{\lambda}=r/T_r$

注意这时的平均寿命并不是实验数据的简单平均数,实验数据总共有 n 个,而分母除的是 r。

例 8.4　某种电子产品的寿命服从指数分布,任取 $n=20$ 件做 $t_0=5\,000$ h的定时截尾寿命实验,实验结果有 $r=8$ 件产品出现故障,具体时间为 237 h,536 h,1 693 h,2 785 h,3 653 h,3 942 h,4 632 h,4 896 h,求这种电子产品的平均寿命。

解　总实验时间为

$T_r = t_1 + t_2 + \cdots + t_r + (n-r)t_0$

$\quad =237 + 536 + 1\,693 + 2\,785 + 3\,653 + 3\,942 + 4\,632 + 4\,896 + 12 \times 5\,000$

$\quad =82\,374$

平均寿命 MTTF$=T_r/r=82\,374/8=10\,296.75$(h)

3　删失数据实验

如果实验是在现场进行的,由于实验时间很长(长达几个月甚至几年),在实验中会出现删失数据(censord data)的现象,也就是某些样品没有完整地

参加实验,在实验的中途退出或遗失。这种情况在医药卫生统计的生存分析中尤为常见,在研究某类病人的存活时间时,存在多种因素不能知道一些病人的确切存活时间,例如其中的一些病人可能中途转院,一些门诊病人只能知道最后一次门诊时间,还会有一些病人因为其他与该疾病无关的因素而亡故。

截尾数据可以看作是删失数据的一个特例,是在同一时刻所有未失效数据同时删失的情况。

SAS 软件提供了寿命实验数据的分析功能,这个功能与生存分析的程序是相同的,主要是针对有删失数据的分析功能。包括对数据的统计描述,计算出平均寿命、寿命的中位数、分位数等统计量,拟合可靠度函数,对数据的参数分析和非参数分析等功能。

例 8.5　某公司生产装配在涡轮机上的绕组,绕组在高温条件下高速运转时可能会分解,公司想知道在 80℃ 和 100℃ 的高温下绕组工作的可靠度函数、平均寿命,以及两者之间是否有显著差异。为此,公司在 80℃ 的温度下实验了 50 个绕组,在 100℃ 的温度下实验了 40 个绕组。由于实验时间很长,这个实验是有右侧删失数据的实验,一些绕组在中途退出实验。

80℃ 下的 50 个实验值(单位:月)为:

23	24	−27	27	−31	34	−35	37	40	41
45	46	48	48	48	49	50	−51	51	51
51	52	53	54	55	56	58	58	59	60
61	62	64	66	67	67	−73	74	−77	−79
−79	−81	84	−91	−92	−97	−99	100	−101	−105

100℃ 下的 40 个实验值为:

6	10	11	14	16	18	18	18	−22	24
25	27	29	30	32	35	−36	36	37	−38
38	39	40	45	45	−46	46	47	48	54
−62	−64	68	69	72	76	−77	−84	−97	−101

其中负数表示删失数据,实验数值是此负数的绝对值,该涡轮机在正常工作到此时间后退出了实验。

解　直接用 SAS 软件计算,计算程序为:

```
DATA kkx;
INPUT t@@;
IF t<0 THEN censor=1;
ELSE censor=0;
IF _N_ >50 THEN group='100';
ELSE group='80';
t=ABS(t);
cards;
23　24　−27　27　−31　34　−35　37　40　41
...
−62　−64　68　69　72　76　−77　−84　−97　−101
PROC LIFETEST PLOTS=(S,LS,LLS);
TIME t * censor(1);
STRATA group; RUN;
```

在以上计算程序中,语句"INPUT t@@;"是按自由格式输入变量 t,只要求数据间用空格分开。censor 变量取值 1 表示删失数据,censor 变量取值 0 表示失效数据。用 group 变量区分温度为 80℃和 100℃的两个实验组。用"t=ABS(t)"语句把实验数据都取为正值,然后输入实验数据。

语句"PROC LIFETEST PLOTS=(S,LS,LLS);"调用寿命实验子过程。其中 S 表示生存函数(Survival Function),也就是可靠度函数 $R(t)$。LS 表示生存函数的负对数函数$-\ln R(t)$,如果坐标点(t,LS)的图形接近直线 λt,就说明产品寿命服从指数分布。LLS 表示 $\ln[-\ln R(t)]$,如果坐标点$(\ln t, LLS)$的图形接近直线,就说明产品寿命服从韦布尔分布。输出结果内容很多,以下摘要列出几项主要的内容,见表 8.2。

表 8.2　平均寿命与分位数

项　　目	80℃	100℃
上四分之一分位数	100.00	69.00
中位数	58.00	40.00
下四分之一分位数	48.00	25.00
平均寿命	64.61	44.12

从表 8.2 中看到,产品在 80℃时的平均寿命 MTTF=64.61(月),明显高于 100℃时的平均寿命 MTTF=44.12(月)。80℃时的下四分之一分位数为

48.00 表示有 25% 的绕组会在 48 个月以内出现故障,或者说 $R(48)=75\%$,其余项目的解释以此类推。

表 8.3 是 100℃ 使用条件下的可靠度 $R(t)$ 与分布函数 $F(t)$ 数值表,两者之和等于 1。表中实验值右边加"*"号的数据表示删失数据。读者在统计课程中都学过经验分布函数,表 8.3 中的分布函数实际上就相当于经验分布函数,只是由于存在删失数据,其计算方法要做适当的调整。从表 8.3 前 9 个失效数据(非删失数据)看,分布函数的计算方法就是普通的经验分布。这个例

表 8.3 产品在 100℃ 时的可靠度分布

实验值	可靠度	分布函数	实验值	可靠度	分布函数
0.000	1.000 0	0	38.00*		
6.000	0.975 0	0.025 0	39.000	0.511 2	0.488 8
10.000	0.950 0	0.050 0	40.000	0.482 8	0.517 2
11.000	0.925 0	0.075 0	45.000		
14.000	0.900 0	0.100 0	45.000	0.426 0	0.574 0
16.000	0.875 0	0.125 0	46.000	0.397 6	0.602 4
18.000			46.00*		
18.000			47.000	0.367 0	0.633 0
18.000	0.800 0	0.200 0	48.000	0.336 4	0.663 6
22.00*			54.000	0.305 8	0.694 2
24.000	0.774 2	0.225 8	62.00*		
25.000	0.748 4	0.251 6	64.00*		
27.000	0.722 6	0.277 4	68.000	0.267 6	0.732 4
29.000	0.696 8	0.303 2	69.000	0.229 4	0.770 6
30.000	0.671 0	0.329 0	72.000	0.191 2	0.808 8
32.000	0.645 2	0.354 8	76.000	0.152 9	0.847 1
35.000	0.619 4	0.380 6	77.00*		
36.000	0.593 5	0.406 5	84.00*		
36.00*			97.00*		
37.000	0.566 6	0.433 4	101.00*		
38.000	0.539 6	0.460 4			

子样本量 $n=40$，第 1 个实验值 $\phi_1=6$，经验分布函数 $F_n(\phi_1)=F_n(6)=$ $1/40=0.025$，与 SAS 软件计算出的分布函数值相等；第 2 个实验值 $x_2=10$，经验分布函数 $F_n(x_2)=F_n(10)=2/40=0.050$，仍与 SAS 软件计算出的分布函数值相等。其余依此类推。第 9 个实验值 22.00 * 是删失数据，在这个点上无法计算分布函数值。第 10 个实验值 $\phi_{10}=24$，软件计算出的分布函数值 $F(\phi_{10})=F(24)=0.2258$，小于按无删失计算的经验分布函数值 $F_n(\phi_{10})=$ $F_n(22)=10/40=0.250$。

　　表 8.4 是 80℃ 使用条件下的可靠度函数 $R(t)$，分布函数可以由关系式 $F(t)=1-R(t)$ 得到。SAS 软件给出了 S，LS 对时间 t 以及 $LLS\ lnt$ 的分布图形，由于图形较大，就不列在书中了，有了可靠度函数 $R(t)$ 的数值，读者可以很容易画出这几个图形。从图形看到，两个温度下的 LS 图形都不是直线，而 LLS 都近似为直线，说明绕组寿命是韦布尔分布，不是指数分布。

表 8.4　产品在 80℃ 时的可靠度分布

实验值	可靠度	实验值	可靠度	实验值	可靠度
0.000	1.000 0	50.000	0.705 4	66.000	0.353 8
23.000	0.980 0	51.000		67.000	
24.000	0.960 0	51.000		67.000	0.309 6
27.000	0.940 0	51.000	0.641 2	73.00*	
27.00*		51.000*		74.000	0.285 8
31.00*		52.000	0.619 1	77.00*	
34.000	0.919 1	53.000	0.597 0	79.00*	
35.00*		54.000	0.574 9	79.00*	
37.000	0.897 7	55.000	0.552 8	81.00*	
40.000	0.876 4	56.000	0.530 7	84.000	0.250 0
41.000	0.855 0	58.000		91.00*	
45.000	0.833 6	58.000	0.486 5	92.00*	
46.000	0.812 2	59.000	0.464 3	97.00*	
48.000		60.000	0.442 2	99.00*	
48.000		61.000	0.420 1	100.000	0.166 7
48.000	0.748 1	62.000	0.398 0	101.00*	
49.000	0.726 7	64.000	0.375 9	105.00*	

SAS 软件还给出了其他一些输出结果,这些输出结果都是在寿命分布服从指数分布的基础上计算的。本例的绕组寿命不服从指数分布,所以对这些内容不做介绍了。

4　加速寿命实验

随着科学技术的迅猛发展,高可靠性、长寿命的产品越来越多,即使使用截尾寿命实验也需要很长的实验时间,使实验无法实际进行。例如一种电子元件的平均寿命是 50 kh,取 100 件这种电子元件作检验,在一年的时间中也只有一二件出现故障。这种情况可以使用加速寿命实验,使实验的条件比正常使用条件更严酷一些,以缩短实验所需时间,例如提高温度、加大电压等。这种超过正常应力水平的寿命实验就称为加速寿命实验。

加速寿命实验要求在某个实验条件的几个加严的水平下做实验,计算出这几个条件下的平均寿命,然后用回归模型推断正常使用条件下的平均寿命。常用回归模型有以下两种。

(1) 阿伦尼斯(Arrhenius)模型。用于通过提高温度以加快化学反应的速度,缩短电子元件寿命的场合,回归模型为

$$y = a\mathrm{e}^{b/T}$$

其中 T 表示实验的温度,y 表示平均寿命。

(2) 逆幂律模型。用于通过加大电压以缩短电子元件寿命的场合,回归模型为

$$y = a/V^b$$

其中 V 表示实验的电压,y 表示平均寿命。

例 8.6　某电子元件正常工作电压是直流电 6 V,采用加速寿命实验估计其平均寿命。分别在 12 V,18 V,24 V,30 V 的电压下做实验,测得电子元件的平均寿命分别为 15 602,10 268,7 513,4 962 h,估计该电子元件在正常工作电压下的平均寿命。

解　使用逆幂律模型,首先对模型线性化,两边取对数得

$$\ln y = \ln a - b\ln V$$

记 $y' = \ln y, a' = \ln a, b' = -b, V' = \ln V$,上述回归模型转化为

$$y' = a' + b'V'$$

得最小二乘估计 $a' = 12.71, b' = -1.214$,于是得

$$a = \mathrm{e}^{12.71} = 331\,042, \quad b = 1.214,$$

回归模型为:

$$y = 331\,042/V^{1.214}$$

得电压＝6 V 时平均寿命的回归估计值为

$$y = 331\,042/6^{1.214} = 37\,602$$

　　实际应用中,可以把截尾寿命与加速寿命实验结合使用,例如在本例中,在加严的电压下所做的实验也可以是截尾寿命实验,然后估计出每个电压下元件的平均寿命,再做回归分析,这样可以最大幅度地缩短实验时间。

8.3.3　生存分析

　　生存分析就是生命的"可靠性分析",其分析方法与前两节讲述的可靠性分析的很多方法都是相同的。同样,生存分析中的很多分析方法也都可以应用到可靠性分析之中。目前,生存分析已经广泛应用在医药卫生、生物统计学、人口学以及人寿保险精算之中。

　　1　基本概念

　　(1) 生存函数。用 T 表示一个生命个体的生存时间,生存函数(survival function 或 survival distribution function,简记为 SDF)是该个体存活时间超过 t 的概率,用 $S(t)$ 表示,其数学表达式为

$$S(t) = P(T > t) = 1 - F(t)$$

可见生存函数 $S(t)$ 完全等价于产品的可靠度函数 $R(t)$。

　　(2) 分布函数。生存分析中的分布函数和概率密度函数的概念与数理统计中两者的概念是完全相同的,即

分布函数　　　　　　$F(t) = P(T \leqslant t) = 1 - S(t)$

概率密度函数　　　　　　　　$f(t) = F'(t)$

　　(3) 危险率函数。可靠性中的故障率函数 $\lambda(t)$ 对应为生存分析中的危险率函数(hazard function),用 $h(t)$ 表示,其计算公式为

$$h(t) = \frac{f(t)}{S(t)} = \frac{f(t)}{1 - F(t)} = \frac{F'(t)}{1 - F(t)}$$

　　2　比例危险模型

　　与可靠性分析相比,影响生命寿命的因素是多方面的,例如人的年龄、性别、健康状态及治疗方法等,危险率函数 $h(t)$ 与这些因素是密切相关的,可以用下面的比例危险模型(proportional hazard model)表示。

$$h_i(t) = h_0(t)\exp(B_1 X_{i1} + B_2 X_{i2} + \cdots + B_p X_{ip})$$

这个模型是 Cox 在 1972 年提出的,因此也称为 Cox 模型。式中 $h_i(t)$ 是第 i 个个体在 t 时刻的危险率函数,$h_0(t)$ 称为基础危险率函数。这个模型可以改写为:

$$\frac{h_i(t)}{h_0(t)} = \exp(B_1 X_{i1} + B_2 X_{i2} + \cdots + B_p X_{ip})$$

这种表示更能够看出比例危险模型的含义,$\exp(B_i)$ 称为解释变量 X_i 的风险比(risk ratio)。不必给出基础危险率函数 $h_0(t)$ 的具体形式就可以求出参数的最大似然估计,在统计上把这种(含有像 $h_0(t)$ 这样不需要给出具体形式的函数的)模型称为半参数模型。

对 i,j 两个生命个体有:

$$\frac{h_i(t)}{h_j(t)} = \exp(B_1(X_{i1} - X_{j1}) + B_2(X_{i2} - X_{j2}) + \cdots + B_p(X_{ip} - X_{jp}))$$

这个公式把两个生命个体危险率的比例表达为影响因素差异的函数,这有助于更明确地理解比例危险模型的含义。

例 8.7　研究某种肺癌病人手术后的生存时间 t(d),选择 4 个相关因素。X_1 是病人手术前的行动状态,分值是 10 分至 90 分,分值小表示状态差,需要护理,分值大表示状态好,可以自理;X_2 是手术前等待时间(d);X_3 是年龄;X_4 是在手术前是否接受了治疗前处理,0 为接受,1 为未接受。收集到的观测数据见表 8.5。

解　用 SAS 软件做比例危险模型分析,SAS 计算程序为:

```
DATA shcun;
INPUT t X1 X2 X3 X4;
IF t<0 THEN censor=1;
ELSE censor=0;
T=ABS(t);
cards;
53      60      3       61      0
...
63      50      11      48      0
PROC PHREG;
MODEL t*censor(1)=X1 X2 X3 X4/SELECTION=BACKWARD;
RUN;
```

表 8.5 病人手术后存活时间与影响因素

t	X_1	X_2	X_3	X_4	t	X_1	X_2	X_3	X_4
53	60	3	61	0	10	40	23	67	0
−33	60	4	56	0	7	30	2	35	0
59	30	2	65	0	−97	60	5	67	0
122	60	4	68	0	16	30	4	53	1
−139	80	2	64	0	21	40	2	55	1
287	60	25	66	1	31	55	3	75	0
127	60	8	62	0	51	60	1	67	0
392	40	4	68	0	17	40	7	72	0
384	60	9	42	0	−54	80	4	53	1
−123	40	3	55	0	−153	60	14	63	1
117	80	3	46	1	151	50	12	69	0
−56	80	12	43	0	18	20	15	42	0
20	30	5	65	0	52	60	2	55	0
18	30	4	60	0	122	80	28	53	0
−54	70	1	67	1	63	50	11	48	0

程序语句"PROC PHREG;"中 PH 表示比例危险模型(proportional hazard model),REG 表示做回归。"SELECTION＝BACKWARD;"是后退法。先把全部 4 个回归解释(自)变量都引入回归方程,然后依次剔除不显著的解释变量,直到方程中保留的变量都显著为止。本例最终只保留了病人手术前的行动状态 X_1,参数估计 $b_1＝−0.042\,283$,显著性 P 值＝0.007 7,比例危险模型为:

$$\frac{h_i(t)}{h_0(t)} = \exp(−0.042\,283X_{i1}) = 0.959^{X_{i1}}$$

变量 X_1 的风险比为 $e^{−0.042\,283}＝0.959<1$,说明手术前的行动状态越好风险就越小,其他 3 个变量对手术后的生存时间没有显著影响。

3 参数回归模型

与可靠度函数的分布一样,生存分布的常见形式也是指数分布、韦布尔分布、正态分布和对数正态分布。例 8.5 对产品可靠性问题给出了用图示的直观方法判断可靠度函数是否服从指数分布或者是韦布尔分布。这里再结合生存分布问题,给出拟合生存分布的更精确的方法,这个方法也同样适用于拟合可靠度分布。

(1) 含有影响因素的参数模型。在生存分布的拟合中,把影响因素也引入分布模型中,方法是令某个参数是影响因素的函数。对指数分布和韦布尔分布,这个参数就是表 8.1 中的参数 λ,由于 $\lambda > 0$,所以选用指数函数

$$\lambda = \exp(B_0 + B_1 X_{i1} + B_2 X_{i2} + \cdots + B_p X_{ip}) \tag{8.4}$$

对于正态分布和对数正态分布,这个参数取为表 8.1 中的参数 μ。由于 μ 可以是负数,所以直接选用线性函数

$$\mu = B_0 + B_1 X_{i1} + B_2 X_{i2} + \cdots + B_p X_{ip} \tag{8.5}$$

(2) 与比例危险模型的关系。在比例危险模型

$$h_i(t) = h_0(t)\exp(B_1 X_{i1} + B_2 X_{i2} + \cdots + B_p X_{ip})$$

中,没有给定生存寿命的分布类型,也就不能给出基础危险率函数 $h_0(t)$ 的具体形式。反之,如果能够给定 $h_0(t)$ 的具体形式,也就给定了生存分布的类型。

指数分布的危险率函数 $h(t) = \lambda$,其基础危险率函数 $h_0(t) = \exp(B_0)$。

韦布尔分布的危险率函数 $h(t) = \lambda(t) = \lambda^\alpha \alpha t^{\alpha-1}$,将(8.4)式代入得

$$h(t) = \lambda^\alpha \alpha t^{\alpha-1}$$
$$= \alpha t^{\alpha-1} \exp(\alpha B_0 + \alpha B_1 X_{i1} + \alpha B_2 X_{i2} + \cdots + \alpha B_p X_{ip})$$

其基础危险率函数 $h_0(t) = \alpha t^{\alpha-1} \exp(\alpha B_0)$。

(3) 生存分布拟合的计算程序。仍采用例 8.7 的数据,SAS 程序的数据部分保持不变,把程序部分改为:

```
PROC LIFEREG;
    MODEL t * censor(1)=X1/DIST=WEIBULL;
    MODEL t * censor(1)=X1/DIST=EXPONENTIAL;
    MODEL t * censor(1)=X1/DIST=LNORMAL;
RUN;
```

运行后得 3 个分布拟合的对数似然函数值分别为:

韦布尔分布 $\qquad$ $-37.557\,8$

指数分布 $\qquad$ $-37.565\,8$

对数正态分布 $\qquad$ $-33.611\,6$

以上的对数似然函数值越大越好,说明对数正态分布是最佳的拟合分布,有关的参数见表 8.6:

表 8.6 对数正态分布拟合参数

Variable	DF	Estimate	Chi Square	P>Chi
INTERCPT	1	1.787 830 76	8.843 276	0.002 9
X_1	1	0.048 587 85	17.941 08	0.000 1
SCALE	1	0.942 966 76		

参数的估计值 $b_0 = 1.787\,8$，$b_1 = 0.048\,59$，$\hat{\sigma} = 0.942\,97$。

得 $$\hat{\mu} = 1.787\,8 + 0.048\,59X_1$$

生存函数

$$S(t) = 1 - \Phi\left(\frac{\ln t - \mu}{\sigma}\right) = 1 - \Phi\left[\frac{\ln t - (1.787\,8 + 0.048\,59X_1)}{0.942\,97}\right]$$

表 8.7 是对手术前的行动状态 X_1 的不同值用这个公式计算的生存概率。

表 8.7 生存概率估计值   %

存活时间 t/d	行动状态 X_1			
	20	**40**	**60**	**80**
5	88.87	98.78	99.95	99.99
10	68.60	93.51	99.45	99.98
20	40.11	78.24	96.49	99.78
50	11.08	42.40	79.93	96.92
100	2.52	17.71	54.14	87.17
150	0.85	8.75	37.22	75.95
200	0.35	4.83	26.40	65.52
300	0.09	1.82	14.43	48.78
500	0.01	0.42	5.45	28.36

（4）生存分析与可靠性的比较。生存分析中每个个体的生存时间都受到多个因素的影响，拟合生存分布时就要把这些影响因素也考虑在内。对于产品寿命问题，很多场合可以认为影响因素是相同的，或者是不确定的，就可以不考虑影响因素。如果考虑到影响产品寿命的某些因素，对产品寿命也可以用含有影响因素的参数模型拟合其寿命分布。对例 8.5 的绕组问题，使用温度就是一个影响因素，例 8.5 中把温度变量 *group* 作为分组变量，在拟合寿命分布时就是影响因素，是一个只取 80 和 100 两个值的解释变量。假如把实

验方式加以改变,在多个不同的温度下对绕组做实验,每个温度下只得到几个实验数值,这时就不能在每个温度下分别研究寿命的分布,必须把温度作为一个影响因素,建立包含这个影响因素的寿命模型。再有,在用正交设计或均匀设计做寿命实验时,可以对实验因素拟合比例危险模型或寿命分布模型,用来分析因素对产品寿命的影响。

(5)寿命分布模型。最后再谈谈寿命分布模型的问题,例 8.5 没有使用寿命模型,直接用非参数的方法估计出绕组的寿命分布,相当于经验分布。实际上,任何模型都只是实际问题的一个近似估计,模型与实际现象总要存在一定的误差,在大样本量的情况下抛开分布模型采用非参数方法是值得推荐的。例 8.7 的手术后生存时间问题,在每一组影响条件下只有 1 个或几个实验数据,这时只好使用分布模型了。其中比例危险模型是半参数模型,不必给出基础危险率函数 $h_0(t)$ 的具体形式,但是所获得的信息较少,不能计算出具体的生存概率。参数回归模型得到的信息最多,但是其正确性完全依赖于所选模型的正确性。由此可见,每种方法各有长短,分别适用于不同的条件,读者在实际应用中要正确选择适用的方法。

思考与练习

思考题

8.1　什么是产品的可靠性?解释可靠性的三个规定。

8.2　如何度量产品的可靠度?说明根据频率计算可靠度的方法。

8.3　什么是故障率函数?故障率函数和概率密度函数的异同点是什么?

8.4　根据浴盆曲线说明故障率的变化规律。

8.5　简述应力——强度可靠度设计的安全系数法。

8.6　简述按实验内容划分的可靠性实验。

8.7　说明加速寿命实验的意义和使用方法。

8.8　说明生存分析和可靠性分析的关系。

练习题

8.1　1 000 只某种同型号电子元件在累计使用 5 000 h 后,有 35 只失效,求这种电子元件在 $t=5\,000$ h 的可靠度。

8.2　(1)由 5 个相互独立的单元组成的串联系统,每个单元在 $t=2\,000$ h的可靠度分别是 0.70,0.75,0.80,0.85,0.90,问在相同的规定时间内此串联系统的可靠度是多少?

(2) 假如该串联系统是由 50 个同型号的元件构成,每个单元在 $t=2\,000$ h 的可靠度都是 0.95,系统的可靠度是多少?

(3) 为了使 10 个元件构成的串联系统的可靠度达到 0.90,每个元件的可靠度应该是多少?

8.3　(1) 由 5 个相互独立的元件组成的并联系统,每个单元在 $t=2\,000$ h 的可靠度分别是 0.70,0.75,0.80,0.85,0.90,问在相同的规定时间内此并联系统的可靠度是多少?

(2) 为了使 5 个同型号元件构成的并联系统的可靠度达到 0.95,每个元件的可靠度应该是多少?

8.4　某种电子元件的寿命服从指数分布,随机取 $n=25$ 件做定数截尾寿命实验,规定有 15 个元件失效时就结束实验,实验测得 15 个失效时间(单位:h)依次为:

128　　263　　698　　1 026　　1 529　　2 150　　2 714　　3 826

4 865　　5 236　　5 274　　6 952　　8 506　　11 070　　11 820

求这种电子产品的平均寿命。

8.5　电站锅炉蛇形管焊接接头是工作在高温高压的环境中的,温度和压力对焊接接头的持久性都有破坏作用,选用如下广义的 Eyring 加速模型:

$$y = \frac{A}{S^c}\exp(B/T)$$

其中 $y(h)$ 是接头在对应条件下的平均寿命,$T(℃)$ 是温度,$S(\text{MPa})$ 是由压力折算的应力,A,B,C 是待定常数。在每个处理下作 4 个实验,得寿命 t 的 4 个数据,用其平均值 y 代表该处理下的平均寿命。数据见下表:

T	S	t				y
510	240	412	1 863	5 248	8 909	4 108
510	310	159	417	1 406	2 416	1 099.5
510	335	68	340	723	1 020	537.75
540	310	4	7	29	170	52.5
540	200	151	357	854	1 132	623.5
540	240	88	193	338	502	280.25
570	200	52	73	95	242	115.5
585	140	215	396	526	853	497.5

假如这个问题的正常条件使用温度 $T = 510\,℃$，应力 $S = 110\,\text{MPa}$，求正常条件下焊接接头的平均寿命。

8.6　运用正交设计研究在以碳化物强化为主的镍基高温合金中 Cr，Mo，Co 元素的不同配比对合金高温持久寿命的影响。每种元素的含量各取三个水平，分别为（%）：

Cr 含量：0.35，0.30，0.27；

Mo 含量：11.0，10.5，10.0；

Co 含量：11.0，10.5，9.55。

采用 $L_9(3^4)$ 正交表安排实验，对合金样品在高温持久试验机上进行持久拉伸实验，实验条件为 800 ℃，165 MPa，实验指标是合金样品的持久时间 $y(\text{h})$ 实验的安排和结果见下表，分析实验结果。

实验号	Cr	Mo	Co	持久时间 y/h
1	1	1	1	32.5
2	1	2	2	74.1
3	1	3	3	38.9
4	2	1	2	21.9
5	2	2	3	38.2
6	2	3	1	67.4
7	3	1	3	36.2
8	3	2	1	35.7
9	3	3	2	26.7

第 9 章

析因设计及有关的方法

析因设计(factorial design)也称为因子设计,是欧美各国所使用的主要的实验设计方法,用于分析两个或多个因素的主效应和交互效应。本章首先介绍析因设计,随后介绍的裂区设计和调优运算也都是和析因设计有关的实验设计方法。

9.1 析 因 设 计

当实验只有两个因素时,析因设计就是第 2 章所讲述的两因素方差分析,对两因素的所有可能的组合都要安排实验,属于全面实验,如果要考虑交互效应则还需要做重复实验。但是当实验因素多于两个时,全面实验的实验次数就会很大,再做重复实验就需要更多的实验次数,这时实验设计的首要任务是减少实验次数,只在全部水平组合中安排一部分组合做实验,称为部分因子设计。

9.1.1 全面实验

全面实验设计是指含有两个或两个以上实验因素(含区组因素)的实验,把所有因素各水平之间的组合都作为一个处理。例如有 A、B 两个因素,A 因素有 a 个水平,B 因素有 b 个水平,则全面实验的处理数目是 ab 个。如果每个处理重复 k 次实验,则全部的实验次数是 kab 个。对一般情况,设有 p 个因素,每个因素的水平数为 $q_1, q_2, \cdots, q_p$,则全面实验的处理数目是 $q_1 \times q_2 \times \cdots \times q_p$ 个。如果每个处理重复 k 次实验,则全部的实验次数是 $k \times q_1 \times q_2 \times \cdots \times q_p$ 个。

　　全面实验既适用于比较实验,也适用于优化实验,并且有利于分析因素间的交互作用。但是只有当因素的数目和每个因素的水平数目都不多时,才能真正使用全面实验,否则就需要做大量的实验,在人力、物力和时间上都是不允许的。例如有 5 个实验因素,每个因素有 3 个水平,不考虑重复时全面实验的次数也多达 $3^5 = 243$ 个。

　　鉴于全面实验所需的实验次数很多,一般只在两种场合使用全面实验。第一是只有两个实验因素,这就是双因素方差分析问题,已经在本书第 2 章中讲述;第二是每个因素只有两个水平。

　　当实验因素的数目超过两个时,因素间可能存在高阶交互效应。称两个因素间的交互作用为二阶交互效应,3 个因素间的交互作用为三阶交互效应,依此类推,k 个因素间的交互作用为 k 阶交互效应。

　　假设有 A, B, C, D 共 4 个因素,每个因素都只取 2 个水平,因素的主效应和各阶交互效应见表 9.1。其中二阶交互效应共有组合数 $C_4^2 = 6$ 项;三阶交互效应共有 $C_4^3 = 4$ 项;全部 4 个因素之间的交互效应只有 $A \times B \times C \times D$ 这一项。无重复时全面实验的次数是 $2^4 = 16$ 次。

表 9.1　4 个因素的主效应和交互效应

名　　称	变　　量	项数	累积项数
主效应	A, B, C, D	4	4
二阶交互效应	$A \times B, A \times C, A \times D, B \times C, B \times D, C \times D$	6	10
三阶交互效应	$A \times B \times C, A \times B \times D, A \times C \times D, B \times C \times D$	4	14
四阶交互效应	$A \times B \times C \times D$	1	15

　　对一般情况,p 个 2 水平因素做全面实验的次数是 2^p 次,而 p 个因素的主效应和全部交互效应的数目为:

$$C_p^1 + C_p^2 + \cdots + C_p^p = 2^p - 1$$

　　从统计学的观点看,2^p 个数据的自由度是 $2^p - 1$,参数(主效应和交互效应)的数目也是 $2^p - 1$,用全面实验的数据恰好可以估计出 $2^p - 1$ 个效应。但是如果要使用方差分析判断每个效应的显著性,就还需要估算误差的效应,至少要对一个处理做重复实验。实际上,依照平衡实验的要求需要对每个处理做等重复实验。因此,为了分析全部的主效应和交互效应至少要做重复两次的全面实验,实验总次数为 2^{p+1} 次。

　　全面实验的优点是:

（1）对于优化实验,可以直接从实验的结果找到因素水平的最优组合,而不必通过统计分析。

（2）对于比较实验,可以分析因素间各种交互效应。

全面实验的缺点是需要的实验次数很大。

例 9.1　影响一种化工产品渗透率的 4 个因素是温度(A)、压强(B)、甲醛浓度(C)、搅拌速度(D),每个因素都仅取高低两个水平。工程师希望产品的渗透率尽量大,而甲醛浓度尽量低。根据过去的经验,只有甲醛浓度高时才能保证产品的渗透率大。目前生产中产品的渗透率是 75 L/h。为此安排 4 因素的全面实验,以"-1"表示因素的低水平,以"1"表示因素的高水平,实验的安排和实验结果见表 9.2。

表 9.2　实验安排和实验结果

实验号	A	B	C	D	渗透率
1	-1	-1	-1	-1	45
2	1	-1	-1	-1	71
3	-1	1	-1	-1	48
4	1	1	-1	-1	65
5	-1	-1	1	-1	68
6	1	-1	1	-1	60
7	-1	1	1	-1	80
8	1	1	1	-1	65
9	-1	-1	-1	1	43
10	1	-1	-1	1	100
11	-1	1	-1	1	45
12	1	1	-1	1	104
13	-1	-1	1	1	75
14	1	-1	1	1	86
15	-1	1	1	1	70
16	1	1	1	1	96
低平均	59.3	68.5	65.1	62.8	
高平均	80.9	71.6	75.0	77.4	
R	21.6	3.1	9.9	14.6	

从实验的结果看到,第 12 号实验的渗透率为 104,在全部 16 个实验中渗透率最大,并且甲醛浓度 C 是低水平,符合要求。第 12 号的最优实验条件中,A,D 和 B 这 3 个因素是高水平,C 因素是低水平。这个例子采用全面实验,可以直接看到最优的实验条件。

分别计算 4 个因素在高低水平下 8 个渗透率的平均值,然后再计算出平均值的极差(大值减小值)。从平均值看到,A,B,C,D 这 4 个因素都取高水平时渗透率高,其中 B 因素的极差很小,不显著。C 因素高水平下的平均渗透率高,与过去的经验是一致的,但是与第 12 号实验直接看到的结果不一致,其原因是因素间存在交互效应。

对 2 水平的析因设计,可以很容易求出每个交互效应列。例如求因素 A 和 B 的交互效应,只需要把两个因素 A 和 B 的水平数值"-1"和"1"相乘,得到的数值就代表二阶交互效应 $A \times B$ 的高低水平。把 3 个因素 A,B,C 的水平数值"-1"和"1"相乘,得到的数值就代表三阶交互效应 $A \times B \times C$ 的高低水平。其余交互效应依此类推,各交互效应水平见表 9.3,其中交互效应的表示省略了"$\times$"号,例如 AB 表示交互效应 $A \times B$。

从表 9.3 看到,因素 A,C,D 的极差和交互效应 AC,AD 的极差都较大,因此渗透率受两个二阶交互效应的影响,而三阶和四阶交互效应的极差都较小,实验中不存在高阶交互效应。

9.1.2　部分因子设计

从统计分析的角度看,如果有理由认为因素间不存在交互效应或仅存在低阶交互效应,则只需要做一部分水平组合的实验,不需要做全面的实验,可以从一部分实验结果中推断出因素水平的最优组合,并分析出可能存在的低阶交互效应。这样仅通过一部分实验就能够达到与全面实验相同的结果,这种只做部分实验的方法就称为部分因子设计。

对 2 水平析因设计,部分因子设计的实验次数一般是全面实验次数的 $1/2,1/4,1/8$ 等,分别称为 $1/2$ 实施,$1/4$ 实施,$1/8$ 实施等。不管是全面实验还是部分实验,实验数目总是 2^k 的形式,因此也记为 2^k 设计。

由于部分因子设计只能考虑一部分交互效应,所以要合理地选择需要考察的交互作用。统计学的一个原则是优先考察低阶(两因素间)的交互作用,在条件允许时再考虑高阶(三个及更多因素间)的交互作用。

选择交互作用有一种分层模型(hierarchical models):只要选择了一个高

表 9.3　交互效应表

实验号	A	B	C	D	AB	AC	AD	BC	BD	CD	ABC	ABD	ACD	BCD	ABCD	渗透率
1	−1	−1	−1	−1	1	1	1	1	1	1	−1	−1	−1	−1	1	45
2	1	−1	−1	−1	−1	−1	−1	1	1	1	1	1	1	−1	−1	71
3	−1	1	−1	−1	−1	1	1	−1	−1	1	1	1	−1	1	−1	48
4	1	1	−1	−1	1	−1	−1	−1	−1	1	−1	−1	1	1	1	65
5	−1	−1	1	−1	1	−1	1	−1	1	−1	1	−1	1	1	−1	68
6	1	−1	1	−1	−1	1	−1	−1	1	−1	−1	1	−1	1	1	60
7	−1	1	1	−1	−1	−1	1	1	−1	−1	−1	1	1	−1	1	80
8	1	1	1	−1	1	1	−1	1	−1	−1	1	−1	−1	−1	−1	65
9	−1	−1	−1	1	1	1	−1	1	−1	−1	−1	1	1	1	−1	43
10	1	−1	−1	1	−1	−1	1	1	−1	−1	1	−1	−1	1	1	100
11	−1	1	−1	1	−1	1	−1	−1	1	−1	1	−1	1	−1	1	45
12	1	1	−1	1	1	−1	1	−1	1	−1	−1	1	−1	−1	−1	104
13	−1	−1	1	1	1	−1	−1	−1	−1	1	1	1	−1	−1	1	75
14	1	−1	1	1	−1	1	1	−1	−1	1	−1	−1	1	−1	−1	86
15	−1	1	1	1	−1	−1	−1	1	1	1	−1	−1	−1	1	−1	70
16	1	1	1	1	1	1	1	1	1	1	1	1	1	1	1	96
低平均	59.3	68.5	65.1	62.8	70.0	79.1	61.8	68.9	70.3	70.6	69.1	68.0	70.9	71.4	69.4	
高平均	80.9	71.6	75.0	77.4	70.1	61.0	78.4	71.3	69.9	69.5	71.0	72.1	69.3	68.8	70.8	
R	21.6	3.1	9.9	14.6	0.1	18.1	16.6	2.4	0.4	1.1	1.9	4.1	1.6	2.6	1.4	

阶交互效应,那么构成这个高阶交互效应的各因素所能生成的一切交互效应都要包含在内。例如我们假设 3 个因素间的交互作用 $A \times B \times C$ 存在,那么就要假设 2 个因素的交互作用 $A \times B, A \times C, B \times C$ 也都存在。反之,即使我们认为 3 个交互作用 $A \times B, A \times C, B \times C$ 都存在,但是也可以认为交互作用 $A \times B \times C$ 不存在。

如果对 4 因素 2 水平的实验做 1/2 实施,只做 8 次实验,这时由实验结果只能分析 4 个主效应和部分二阶交互效应,而不能分析全部的交互效应,这时称交互效应之间存在混杂。

在部分因子设计中存在着因素和交互效应间的混杂,但是混杂的程度并不完全相同。用分辨率反应混杂的程度,如表 9.4 所示。分辨率越低混杂的程度就越大。

表 9.4 部分实验的分辨率表

实验分辨率	特 点
分辨率 = Ⅲ	只保证各因素之间不混杂。
分辨率 = Ⅳ	保证各因素之间不混杂,每个因素与其他二阶交互效应也不混杂。
分辨率 = Ⅴ	保证每个因素和每个二阶交互效应之间都不混杂。

对例 9.1 的渗透率问题,共有 4 个 2 水平的因素,全面实验的次数是 16 次,如果做 1/2 实施就只要做 8 次实验,这相当于 3 个 2 水平因素的全面实验,不妨取 A, B, C 这 3 个因素安排全面实验,这时应该如何安排 D 因素? 先考虑 A, B, C 这 3 个因素全面实验的全部交互效应,如表 9.5 所示。

表 9.5 3 个 2 水平因素全面实验的交互效应

实验号	A	B	C	AB	AC	BC	ABC
1	-1	-1	-1	1	1	1	-1
2	1	-1	-1	-1	-1	1	1
3	-1	1	-1	-1	1	-1	1
4	1	1	-1	1	-1	-1	-1
5	-1	-1	1	1	-1	-1	1
6	1	-1	1	-1	1	-1	-1
7	-1	1	1	-1	-1	1	-1
8	1	1	1	1	1	1	1

其中有 3 个二阶交互效应,一个三阶交互效应,因素 D 只能安排在某一个交互效应列上,也就是存在混杂现象。处理混杂的原则是把混杂放在高阶交互效应上,尽量避免低阶交互效应的混杂。因此要把因素 D 安排在三阶交互效应 ABC 这一列上,也就是令 $D=ABC$。实验安排与实验结果见表 9.6。

表 9.6   实验安排与实验结果

实验号	A	B	C	D	渗透率/%
1	-1	-1	-1	-1	45
2	1	-1	-1	1	100
3	-1	1	-1	1	45
4	1	1	-1	-1	65
5	-1	-1	1	1	75
6	1	-1	1	-1	60
7	-1	1	1	-1	80
8	1	1	1	1	96

这个实验的分辨率＝Ⅳ,每个因素安排在不同的列上,每个因素与其他二阶交互效应也不混杂,符合分辨率＝Ⅳ的条件。考虑 A 因素和 D 因素的交互效应,相当于 A 因素和 ABC 的交互效应,与交互效应 BC 相同,因此两个交互效应 AD 和 BC 是混杂的,不符合分辨率＝Ⅴ的条件。对实验结果的分析见表 9.7。

表 9.7   实验安排与实验结果

实验号	A	B	C	$AB+CD$	$AC+BD$	$BC+AD$	D	渗透率/%
1	-1	-1	-1	1	1	1	-1	45
2	1	-1	-1	-1	-1	1	1	100
3	-1	1	-1	-1	1	-1	1	45
4	1	1	-1	1	-1	-1	-1	65
5	-1	-1	1	1	-1	-1	1	75
6	1	-1	1	-1	1	-1	-1	60
7	-1	1	1	-1	-1	1	-1	80
8	1	1	1	1	1	1	1	96
低平均	61.3	70.0	63.8	71.3	80.0	61.3	62.5	
高平均	80.3	71.5	77.8	70.3	61.5	80.3	79.0	
R	19.0	1.5	14.0	1.0	18.5	19.0	16.5	

从表 9.7 看到，第 2 号实验的渗透率为 100 最大，因素 A, D 是高水平，B，C 是低水平，其中 B 因素的极差很小，不显著，与全面实验的最优条件是一致的。因素 A, C, D 的极差较大，这也与全面实验的结果一致，二阶交互效应是混杂的，$AC+BD$ 和 $BC+AD$ 的极差都较大，但是不能分辨出到底是哪一个交互效应最重要，这正是混杂现象带来的不便。

9.1.3　与因子设计相关的内容

1　正交设计与因子设计

从前面的析因设计看到，不管是全面实验还是部分实施，析因设计表的各列也都具有正交性，实际上，正交设计和因子设计都是以拉丁方的正交性为基础发展而来的，有很多相似之处，只是侧重点不同。

正交设计是在实际应用中发展成熟的，它的实验设计和数据分析方式都打上了"实用主义"的烙印。出于实际应用的需要，正交设计在很多场合不考虑交互作用，至多考虑部分二阶交互作用，这样就可以在实验中安排更多的因素或取更多的水平。在田口玄一博士推广正交设计的初期，要求正交表中至少要留有一列空白列作为误差列，用于做方差分析。但是这个主张却在实际应用中被打破，以下用一个例子给予说明。

北京印染厂生产白色的确良时，用到苯噁唑型增白剂。为了提高产率和缩短反应时间，1971 年增白剂实验室用正交表安排实验方案。经过讨论，需要考察的因素共有 7 种。按照习惯的田口式表头设计要空出若干列考察交互效应。每个因素分两个水平也要使用 $L_{16}(2^{15})$ 正交表做 16 次实验。该实验室只有一套设备，每次实验需时一天。由于溶剂二甲苯剧毒以及当时管理体制的原因，实验室不愿承担多于 8 次的实验。勉强用 $L_8(2^7)$ 正交表考察 7 种因素，排满了各列。由于未留空白列不符合田口式安排，惟恐因此违反了科学原理，不知在何处会给实验带来事故，怀着害怕出事故受处罚的恐惧心理，冒着可能失败的风险下狠心排出了上述方案。8 次实验做完后不仅没有发生事故，而且效果还很好。产率从实验前的约 32% 提高到 42% 左右，反应时间从 12 h 缩短到 7 h 稍多，结晶质量还有所改善。把实验成果用于车间生产，改进效果明显。实验的详细内容见参考文献[15]。

这项实验的成功增强了实际工作者使用正交表时多排因素少空列的信心。紧接着，20 世纪 70 年代初在北京市化工行业一些工厂和研究所做了一批小表少空列的正交实验，这批正交实验的每一项都有突出的、令人欣喜的收获。由此启发了理论上的探索，最终总结出正交设计"小表多排因素、分批侦察"的优化原理。

西方的析因设计则正好相反,其发展主要来自统计学家的理论研究。他们着重考虑因素的交互效应,把对交互效应的分辨率分为若干个级别,不仅要考察二阶交互效应,还要考察三阶以上的交互效应;反对用空白列作为误差项,反对把不显著的因素项合并到误差项中,为了做方差分析就需要重复实验,经常是在实验范围的中心做若干次重复实验;同时详细划分实验的不同构成条件,例如不完全区组设计、不平衡设计、套设计及裂区设计等。这样的实验设计从理论上是很完美的,但是却不利于实际应用,不仅大大增加了所需要的实验次数,而且使实验设计成为深奥难懂的数学,不是普通的工程技术人员所能够掌握的。

西方学者对正交设计的批评集中在两个方面。第一是批评正交设计需要大量的实验次数,这实际上是偷换概念,把内外表稳健性设计的缺点强加在常规的正交设计上,但是至今西方学者对稳健性设计也没有提出更好的方法;第二是批评正交设计的分辨率低,只不过是分辨率=Ⅲ的析因设计,因此实验效率低下,但是却闭口不谈这种"效率低下"换来的是减少了大量的实验次数。参考文献[3]的作者对正交设计的一段评论可以代表西方学者对正交设计的观点。

　　另一方面,很多公司报告过使用田口参数设计法取得了成功。如果这些方法有缺陷,为什么他们得到了成功的结果呢? 田口的拥护者经常打着"它们奏效了"的招牌来拒绝批评。我们回想一下,"最好的猜测"和"一次一个因素"法也会奏效——有时还会产生好的结果。但是没有理由宣称它们是好的方法。田口方法大多数成功的应用是在没有好的实验设计实践的历史的某些工业部门。设计者过去就使用最好的猜想和一次一个因素法(或其他方法),而且由于田口方法是建立在析因设计概念的基础上的,经常比其他方法产生更好的结果。换句话说,析因设计是那样的有效,以至于当它被低效地使用时,也比其他任何方法做得更出色。

　　正如前面指出过的,田口参数设计法经常导致 70 个或更多个试验的较大的、内容广泛的实验。这一方法很多成功的应用,是在以高产量低成本的制造环境为特点的工业方面。在这种情况下,大的设计不会是一个实际问题,因为比起做 16 个或 32 个试验来说做72 个试验实际上也不会有更多的困难。另一方面,在以低产量高成本的制造环境为特点的工业方面(例如,航天工业、化工工业、电子和半导体制造业等),这些方法学上的无效性就会是值得注意的。

　　最后一点牵涉到认识过程问题。如果田口参数设计法奏效并产生好的结果,我们仍然不知道是什么原因导致这些结果,因为关键的交互作用别名之故。换句话说,我们可能解决了问题(暂时成功),但我们未必获得对生产过程的真正了解,而这对进一步的问题可能是非常珍贵的。

2　回归设计与中心组合设计

回归设计是由英国统计学家 G. Box 在 20 世纪 50 年代初针对化工生产提出的方法,以后又用于钢铁、制药、农业等部门,如今这一方法已经得到广泛的应用。

　　把实验指标 y 看作是实验因素的函数,记做

$$y = f(x_1, x_2, \cdots, x_p) + \varepsilon$$

这是一个回归方程的形式,其中的回归函数 $f(x_1, x_2, \cdots, x_p)$ 在几何空间中被看作是一个曲面,称为响应曲面(response surface)。而回归设计就是用实验数据拟合实验指标(响应变量)对实验因素的回归方程,因此回归设计也称为响应曲面设计。从这个意义上说均匀设计也属于回归设计。不过我们通常所说的回归设计是以析因设计为基础的回归设计。

　　对 2^k 析因设计,每个自变量的值取做其代码值 -1 和 1,这样拟合回归方程时自变量之间就具有正交性。

　　对望大特性实验指标,在得到响应曲面后,就以中心位置为起点,沿着最速上升路径做若干个实验,直到实验指标值不再增加为止,再以该点为中心点安排一轮新的实验,重新拟合回归曲面,再沿着新的最速上升路径"爬山",如此重复进行下去,直到找到最优实验点。对于线性回归,最速上升路径就是回归系数所构成的向量方向,至于每一次上升的幅度则由专业技术人员确定。

　　对于望小特性实验指标,相当于沿着最速下降路径"下谷",最速上升方向的相反方向就是最速下降方向,其数学处理方法是相同的。

　　为了正确评价回归拟合的效果,就需要做重复实验,以计算纯误差。重复实验点选在中心位置,其水平代码为 0。这种增加了中心点的实验就称为中心组合实验设计(central composite design)。增加 0 水平后的因素并不等同于 3 水平因素,因为 0 水平只和 0 水平搭配实验,不和 ± 1 水平搭配实验。

　　在实验的初期,中心点远离最优点,响应曲面在实验范围内的弯曲度很

小,可以用线性回归近似。当实验范围接近最优点时,响应曲面的弯曲度增大,就要用二次多项式回归近似响应曲面,为此,除了中心点外,还要增加一些轴向点。

回归设计要求作为回归自变量的因素都是计量型的变量,以 2 水平因子设计为基础,进一步增加中心点和轴向点,轴向点的编码值为 $\pm\alpha$,这样每个因素的编码值实际上有 $-\alpha$,-1,0,1,α 共 5 个值,两个因素 5 个编码值的组合的示意图见图 9.1。

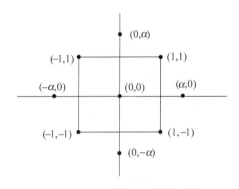

图 9.1 两因素中心组合实验点

p 个 2 水平因素含轴向点的中心组合实验的总实验次数为:

$$m = n + 2p + m_0$$

其中 n 是 2^k 析因设计的基本实验次数,p 是因素数目,m_0 是在中心点的重复次数。

在中心复合实验中由于增加了中心点和轴向点,给定中心点重复次数 m_0 后,通过选择轴向参数 α 的取值就可以保证回归自变量的编码值之间(包括交叉乘积项和二次项)是线性无关的。自变量间线性无关会使回归分析十分方便,这时每个回归系数的估计之间互不相关,在删除某些因素时不会影响其他的回归系数的估计。不过,为了保证二次回归的一些其他性质,所选择的轴向参数 α 只是使二次回归自变量间是近似线性无关的。这方面的详细内容见参考文献[3,9],本书不做详细介绍。

3 3 水平析因设计

对 3 水平析因设计,部分因子设计的实验次数是全面实验次数的 1/3、1/9、1/27 等,分别称为 1/3 实施、1/9 实施、1/27 实施等。不管是全面实验还是部分实验,实验数目总是 3^k 的形式,因此也记为 3^k 设计。

1 个 3 水平因素的自由度为 2，在 3 水平正交表中占 1 列；2 个 3 水平因素交互效应的自由度为 $2 \times 2 = 4$，在正交表中要占 2 列；3 个 3 水平因素交互效应的自由度为 $2 \times 2 \times 2 = 8$，在正交表中要占 4 列；4 个 3 水平因素交互效应的自由度为 $2 \times 2 \times 2 \times 2 = 16$，在正交表中要占 8 列。可见，考虑 3 水平因素的高阶交互效应是非常"奢侈"的，需要占用很多列，也就需要大量的实验次数，因此 3 水平的析因设计一般只局限于考虑二阶交互效应。

用析因设计安排 3 水平设计时，为了考虑交互效应，即使只有 3 个因素也至少要用 $L_{27}(3^{13})$ 正交表做 27 次实验。对 4 个 3 水平因素，用 $L_{27}(3^{13})$ 正交表也只能保证因素与因素之间不混杂，达到分辨率＝Ⅲ的最低分辨率要求。而总会出现一个因素与另外两个因素的交互效应相混杂的现象，分辨率达不到Ⅳ级。例如对 4 个 3 水平因素用 $L_{27}(3^{13})$ 正交表安排实验，4 个因素占 4 列，二阶交互效应共有 $C_4^2 = 6$ 个，需要占 12 列，总共需要 16 列，必然出现混杂。而分辨率＝Ⅲ的析因设计实际上就是常规的正交设计，不再多述。

4 套设计

套设计（nested design）也称为分级设计，这时因素水平间不是任意交叉搭配的。

例 9.2 考虑两种催化剂 A_1 和 A_2 对某化合物的转化率的影响，分别按照以下 4 种方式进行。

（1）随机化实验。把催化剂作为处理因素 A，在其他条件都相同的条件下，用每种催化剂分别做 12 次实验，这种情况就是普通的比较实验，用 t 检验分析实验结果。

（2）随机化区组设计。假设实验温度 B 是影响化合物转化率的区组因素，对每种催化剂各取 $70℃, 80℃, 90℃$ 三种温度，在因素 A 与区组 B 的每种搭配下各做 4 次实验，这个实验属于随机化区组设计，用双因素方差分析实验结果。

（3）假设对催化剂 A_1，温度 B 取值为 $70℃, 80℃, 90℃$，而对催化剂 A_2，温度 B 取值为 $100℃, 110℃, 120℃$，这种情况就属于套设计。这时温度 B 共有 6 个水平，前 3 个水平嵌套在 A 因素的 1 水平内，后 3 个水平嵌套在 A 因素的 2 水平内。可以用 $B(A)$ 表示这种嵌套关系，B 的水平相应表示为

$$B_1(A_1) = 70℃ \qquad B_2(A_1) = 80℃ \qquad B_3(A_1) = 90℃$$
$$B_1(A_2) = 100℃ \qquad B_2(A_2) = 110℃ \qquad B_3(A_2) = 120℃$$

（4）可以再增加一个反应时间因素 C，每种不同的温度下都对应两个不

同的反应时间,构成三级嵌套。这时因素 C 有 12 个水平,分别记为:

$C_1(A_1\ B_1)$ $C_1(A_1\ B_2)$ $C_1(A_1\ B_3)$ $C_1(A_2\ B_1)$ $C_1(A_2\ B_2)$ $C_1(A_2\ B_3)$

$C_2(A_1\ B_1)$ $C_2(A_1\ B_2)$ $C_2(A_1\ B_3)$ $C_2(A_2\ B_1)$ $C_2(A_2\ B_2)$ $C_2(A_2\ B_3)$

以下对同一组数据,用 SAS 程序分别按照以上 4 种方式做数据分析。计算程序如下:

```
DATA nested1;
   INPUT A B C y;
   OUTPUT;
CARDS;
1    1    1    82.5
1    1    1    80.1
1    1    2    84.6
1    1    2    88.3
1    2    1    87.0
1    2    1    86.3
1    2    2    84.9
1    2    2    87.2
1    3    1    81.0
1    3    1    83.7
1    3    2    78.0
1    3    2    79.8
2    1    1    83.2
2    1    1    81.6
2    1    2    82.5
2    1    2    85.4
2    2    1    83.4
2    2    1    86.7
2    2    2    87.6
2    2    2    84.3
2    3    1    90.3
2    3    1    88.6
2    3    2    85.6
2    3    2    87.0
PROC test;
CLASS A;VAR y; RUN;
```

```
PROC ANOVA;
CLASS A B;MODEL y=A B;
MEANS A B ; RUN;
PROC GLM;
CLASS A B;MODLE y=A B(A)/SS1; RUN;
PROC GLM;
CLASS A B C; MODLE y=A B(A) C(A B)/SS1; RUN;
```

以上 4 个程序对应前面的 4 种设计方式,具体的计算由读者作为练习自己完成。

9.2　裂区设计

裂区设计也称为分割设计,是实验没有按照随机化的顺序进行的情况,下面用一个简化了的例子做简要说明。

例 9.3　从植物药材中提取一种起镇静作用的成分,用每 15 只小白鼠起到镇静效果的个数做实验指标。实验的因素水平见表 9.8。

表 9.8　因素水平表

因　素	名　称	水平 1	水平 2
A	溶液种类	甲	乙
B	溶液温度/℃	100	70
C	加乙醇量/倍	1	2
D	活性炭种类	颗粒	粉末
E	洗脱剂种类	60%乙醇	0.2N 氨水

(1) 安排裂区实验。实验的过程分两道工序完成,第一道工序是配制溶液并加热到所需温度,A,B 两因素属于第一道工序,其余 3 个因素属于第二道工序。不考虑因素间的交互作用,用 $L_8(2^7)$ 正交表安排实验,见表 9.9。

如果按照随机化实验顺序的原则,第一道工序配置溶液并加温要分 8 次独立完成,而第一道工序只含有 A,B 两个因素,两因素的水平搭配共 4 种,也就是总共只需要配制 4 种不同(种类和温度)的溶液。为了节约实验时间和成本,一个自然的想法是每种溶液只配制一次,等分为两份,用于第二道工序。这种做法就是裂区设计,它是把实验按照第一道工序分组进行,而不是按照随机化实验顺序进行。把第一道工序中的两个因素 A,B 称为一级因素,第二道工序中的三个因素 C,D,E 称为二级因素。对一般的裂区设计还可以有三级和更多级的因素。

表 9.9　实验安排和实验结果

实验号	A	B	空白 1	空白 2	C	D	E	y
	1	2	3	4	5	6	7	
1	1	1	1	1	1	1	1	5
2	1	1	1	2	2	2	2	13
3	1	2	2	1	1	2	2	14
4	1	2	2	2	2	1	1	11
5	2	1	2	1	2	1	2	10
6	2	1	2	2	1	2	1	2
7	2	2	1	1	2	2	1	7
8	2	2	1	2	1	1	2	13
$\overline{T}_1$	10.75	7.5	9.5	9	8.5	9.75	6.25	
$\overline{T}_2$	8	11.25	9.25	9.75	10.25	9	12.5	
SS	15.125	28.125	0.125	1.125	6.125	1.125	78.125	129.875

首先把两个一级因素 A,B 安排在前两列,第 3 列是他们的交互效应列,不能安排二级因素,作为空白列用来计算两因素的实验误差。三个二级因素 C,D,E 可以随意安排在后 4 列上,不妨安排在第 5,6,7 列上,第 3 列作为空白列。

本例直接用 Excel 软件做方差分析,通过这个例子读者对方差分析能够有更全面的认识。$L_8(2^7)$ 正交表各列离差平方和 $SS=2(\overline{T}_1-\overline{T}_2)^2$,计算结果见表 9.9。

(2) 二级因素方差分析。首先对二级因素做方差分析,这时要把一级因素作为区组看待。两个一级因素 A,B 并列为一个 4 水平的区组因素,记作 $\underline{AB}$,需要注意的是并列因素 $\underline{AB}$ 把两者的交互效应列第 3 列也包括在内了,其离差平方和是前 3 列离差平方和之和,自由度等于 3。这样对二级因素做方差分析时,把实验看作是含有 1 个 4 水平的区组因素、3 个 2 水平因素和 1 个空白列(第 4 列)的实验。二级因素方差分析见表 9.10:

表 9.10 二级因素方差分析表

项目	DF	SS	MS	F	$Pr > F$
$\underline{AB}$	3	43.375	14.460	12.853	0.201 6
C	1	6.125	6.125	5.444	0.257 8
D	1	1.125	1.125	1.000	0.500 0
E	1	78.125	78.125	69.444	0.076 0
误差	1	1.125	1.125		
总计	7	129.875			

从上面的方差分析表看到,区组因素和 3 个二级因素都不显著。这时可以把最不显著的 D 因素并入误差,重新做方差分析后得 $\underline{AB},C,E$ 这 3 个因素的 P 值分别为 0.073 0,0.144 8,0.014 1,说明 E 因素是显著的,而 C 因素和区组因素 $\underline{AB}$ 也有弱的显著性。

(3) 一级因素方差分析。对两个一级因素 A 和 B 做方差分析,用第 3 列作为误差列,得 $F_A = 121$,$P_A = 0.058$;$F_B = 225$,$P_B = 0.042$。说明 B 因素是显著的,而 A 因素的 P 值略大于 0.05,有弱的显著性。

(4) 检验两级实验误差的一致性。这个实验中本身有两个空白列,由于采用了裂区设计,需要对一级实验和二级实验分别做方差分析,每个方差分析中只有一个空白列作为误差列,这就降低了方差分析的效率。一个解决方法是首先检验一级实验与二级实验误差的一致性,用一级实验空白列(第 3 列)的均方误差除以二级实验空白列(第 4 列)的均方误差,得 F 统计量的值为 $F = 0.111$,两个自由度是(1,1)。在没有理由认为哪一级误差更大时要做双侧检验。对显著性水平 $\alpha = 0.05$,用 Excel 软件计算出:

下侧临界值 $F_{0.975}(1,1) = 0.001 5$,计算公式为"=FINV(0.975,1,1)"

上侧临界值 $F_{0.025}(1,1) = 648$,计算公式为"=FINV(0.025,1,1)"

$F = 0.125$ 介于两个临界值之间,不能认为两级实验误差有显著差异。这时是否就可以认为两个误差相等? 实际上我们并没有充分的理由认为两个误差相等。表 9.9 中第 3 列和第 4 列均方误差的比值是 1:9,相差 9 倍,认为两者相等是难以令人信服的。上面的检验结果不能认为两个误差之间有显著差异,这是由于检验的自由度过低(F 统计量的两个自由度都是 1)造成的。

(5) 按照随机化顺序实验做方差分析。如果认为两级实验误差相等,就可以把两个误差合并。这等于把实验看作是随机化顺序实验,而不是裂区实验。其方差分析结果(已经剔除了不显著因素 D)见表 9.11。从表中看到 A,

B,E 三个因素都是显著的,C 因素的 P 值＝0.068 9 大于 0.05 小于 0.10,也是比较显著的。

表 9.11　随机化顺序实验方差分析表

项目	DF	SS	MS	F	Pr > F
A	1	15.125	15.125	19.11	0.022 2
B	1	28.125	28.125	35.53	0.009 4
C	1	6.125	6.125	7.740	0.068 9
E	1	78.125	78.125	98.68	0.002 2
误差	3	2.375	0.791 7		
总计	7	129.875			

（6）讨论。在实际应用中,很多实验人员都是有意或无意地用裂区设计做实验,这样确实可以减少实验的工作量。但是对这种实验方法统计分析的效率低,并且很多实验者都是按照裂区设计做实验,而按照随机化顺序实验方式分析实验结果,这就导致了数据分析的误差,不能正确识别实验因素的效果,因此在实际工作中应该尽量避免使用裂区设计。

9.3　调优运算

调优运算(evolutionary operation,简称 EVOP)是美国统计学家博克斯(Box)在 1957 年提出,用于在原有最优生产条件的基础上寻求更优生产条件的优化实验设计方法。

9.3.1　调优运算的基本内容

▶定义 9.1　调优运算是按照一个仔细规划好的,对生产条件作细微的循环变化来操作装置、设备,再用统计方法处理获得信息,从而确定生产好条件变化方向的实验设计方法。

1　调优运算的适用场合

调优运算特别适用于下面两种情况:第一,在实验室里研制出一种新产品,找到了实验指标的最优条件。进入成批生产时,往往要对实验室得到的最优条件进行必要的调整后才能用于生产。第二,随着生产的发展、工艺的改进、原材料的变化、季节影响和设备更新等因素的变化,使原有的最优条件必须做相应调整才能适应新的要求。为此必须有计划地采用合适的实验设计方法,在生产过程中筹划、安排实验,以保证在生产的每个发展阶段都保持最优的生产条件。

调优运算的特点是:

(1)是现场实验。在不停止生产的条件下,通过细微调整逐步探索出最优生产条件的方法。

(2)最优条件的实验设计是以原有生产条件为中心。由于条件变动幅度小而不会增加不良品,不影响正常的生产。

(3)实验数据分析简便易行。数据处理完全表格化、规范化,并且可以直接看出优化的实验结果。

(4)实验费用很低。由于是边生产、边实验,并且不会增加不良品,不需要额外的实验设备,因此实验费用很低。

调优运算实验设计通常仅对两三个对实验指标有显著影响的因素进行调整。在实施调优运算之前,已经通过正交设计或均匀设计等实验设计方法确定出影响实验指标的显著因素。

2 调优运算的步骤

以下用一个2因素的调优设计说明调优运算的步骤和统计分析方法。

例9.4 某化工产品目前采用的生产条件是反应时间 A 为 80 min,反应温度 B 为 130 ℃,实验指标为回收率 y。从专业知识和以往生产经验知道,A 增减 5 min,B 增减 5 ℃时,对回收率不会产生重大影响,同时又足以使回收率发生明显改变。为了提高回收率,在原生产条件基础上,对因素 A,B 实施调优运算的实验设计。因素的水平为:

$$A_0 = 80, \quad A_1 = 75, \quad A_2 = 85;$$
$$B_0 = 130, \quad B_1 = 125, \quad B_2 = 135。$$

实验的因素水平示意图见图 9.2,从图中看到,这实际上是一个含有中心实验点的2因素析因设计。实验的顺序随机确定。

调优运算的数据处理用完全规范化的表格,见表 9.13 的调优运算工作表,作完全部5个实验称为完成一个循环。在完成第一个循环时,调优运算工

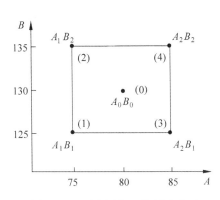

图9.2 2因素调优运算因素水平

作表中的多数数据无法填写和计算,因此在同样试验条件下直接进行第二个循环试验。在完成第二个循环时,调优运算工作表中的多数数据都可以填写和计算出来,这时就可以做显著性判断了。如果实验因素和交互效应的影响显著,就把实验的中心移到新的好条件上,称为一个周相,否则就继续下一个循环。为了慎重起见,一般要求每个周相至少做 3 个循环。在完成第三个循环后,调优运算工作表中的所有数据都可以填写和计算出来。

在任一周相中,若经过 6~10 个循环仍未发现显著性效应时,则认为目前的实验中心就是最优的生产条件。

9.3.2 调优运算的统计分析

对调优运算统计分析的目的是为了判断实验因素和交互效应的影响是否显著,如果影响显著,就把实验的中心移到新的好条件上,开始一个新的周相。

现在假设在某周相中已经做了 k 个循环实验,也就是对 5 个处理都做了 k 次重复实验,假设不同处理下实验指标的方差相等,都是 σ^2。

1 实验指标平均值的估计

记每个处理下实验指标的平均值分别是 $\bar{y}_0, \bar{y}_1, \cdots, \bar{y}_4$,由

$$\mathrm{var}(\bar{y}_i) = \frac{1}{k}\sigma^2, \qquad i = 0, 1, \cdots, 4$$

得第 i 个处理平均水平的 95% 近似置信区间为

$$\bar{y}_i \pm \frac{2}{\sqrt{k}}\sigma, \qquad i = 0, 1, \cdots, 4$$

其中 $2\sigma/\sqrt{k}$ 称为对平均值的误差限。

2 效应的估计

共有两个主效应和一个交互效应。

(1) A 因素效应是 A 因素 1 水平的平均值减去 2 水平的平均值,即

$$a = \frac{1}{2}(\bar{y}_1 + \bar{y}_2) - \frac{1}{2}(\bar{y}_3 + \bar{y}_4) = \frac{1}{2}(\bar{y}_1 + \bar{y}_2 - \bar{y}_3 - \bar{y}_4)$$

$$\mathrm{var}(a) = \frac{1}{4}\sum_{i=1}^{4}\mathrm{var}(\bar{y}_i) = \frac{1}{k}\sigma^2$$

得 A 因素效应的 95% 近似置信区间为 $a \pm 2\sigma/\sqrt{k}$。

(2) B 因素效应是 B 因素 1 水平的平均值减去 2 水平的平均值,即

$$b = \frac{1}{2}(\bar{y}_1 + \bar{y}_3) - \frac{1}{2}(\bar{y}_2 + \bar{y}_4) = \frac{1}{2}(\bar{y}_1 - \bar{y}_2 + \bar{y}_3 - \bar{y}_4)$$

得 B 因素效应的 95% 近似置信区间为 $b \pm 2\sigma/\sqrt{k}$。

（3）A 与 B 交互效应为

$$ab = \frac{1}{2}(\bar{y}_2 + \bar{y}_3) - \frac{1}{2}(\bar{y}_1 + \bar{y}_4) = \frac{1}{2}(-\bar{y}_1 + \bar{y}_2 + \bar{y}_3 - \bar{y}_4)$$

得 A 与 B 交互效应的 95% 近似置信区间为 $ab \pm 2\sigma/\sqrt{k}$。

以上 3 个置信区间的区间长度都相同，把区间长度的一半 $2\sigma/\sqrt{k}$ 称为对效应的误差限。如果计算出某个效应的绝对值大于效应的误差限，则认为该效应显著不为零，对实验有显著影响。

3　平均变化 CIM 的估计

平均变化 CIM 是实验数据总平均值与中心处理平均值之差

$$m = \frac{1}{5}(\bar{y}_0 + \bar{y}_1 + \bar{y}_2 + \bar{y}_3 + \bar{y}_4) - \bar{y}_0 = \frac{1}{5}(\bar{y}_1 + \bar{y}_2 + \bar{y}_3 + \bar{y}_4 - 4\bar{y}_0)$$

$$\operatorname{var}(m) = \frac{1}{25}(1 + 1 + 1 + 1 + 16)\frac{1}{k}\sigma^2 = \frac{4}{5k}\sigma^2$$

平均变化 CIM 的 95% 近似置信区间为

$$m \pm \frac{4}{\sqrt{5k}}\sigma = m \pm \frac{1.78}{\sqrt{k}}\sigma$$

其中 $\frac{4}{\sqrt{5k}}\sigma = \frac{1.78}{\sqrt{k}}\sigma$ 称为对平均变化的误差限。如果在某个循环中计算出 m 的绝对值大于这个平均变化的误差限，则这时的中心点就是最优生产条件，可以终止实验。

4　总体标准差的估计

以上的几个置信区间中都含有总体标准差 σ，而 σ 是未知的，需要用实验数据估计。有两种估计方式，第一是极差估计法，第二是标准差估计法。

（1）极差估计法。记

y_{ik} 是第 i 个处理在第 k 个循环的实验数值；

$\bar{y}_{i,k-1}$ 是第 i 个处理在前 $k-1$ 个循环的实验均值。

$$y_i(k) = \bar{y}_{i,k-1} - y_{ik}, \qquad i = 0, 1, \cdots, 4$$

则 $y_0(k), y_1(k), \cdots, y_4(k)$ 是 5 个独立同分布的样本值，记其共同分布的方差为 σ_D^2，样本的极差为 R_D，则 R_D/d_2 是 σ_D 的无偏估计，其中 d_2 是只与计算 R_D 时的数据个数（即处理数 p）有关，当 $p = 5$ 时 $d_2 = 2.326$。再由

$$\sigma_D^2 = \mathrm{var}(y_i(k)) = \mathrm{var}(\bar{y}_i(k-1) - y_{ik}) = \left(\frac{1}{k-1} + 1\right)\sigma^2 = \frac{k}{k-1}\sigma^2$$

得 σ 的一个无偏估计为

$$S = \sqrt{\frac{k-1}{k}}\frac{R_D}{d_2} \tag{9.1}$$

对 k 个循环可以用(9.1)式计算出 $k-1$ 个 S,用这 $k-1$ 个 S 的平均值作为 σ 的无偏估计值。

(2)标准差估计法。在循环数 $k \geqslant 2$ 时,把调优设计的实验数据看作是 5 个处理下单因素方差分析的样本,每个处理是等方差的,则总体方差 σ^2 的无偏估计为

$$\hat{\sigma}^2 = MSE = \frac{1}{(k-1)p}SSE = \frac{1}{(k-1)p}\sum_{i=1}^{p}\sum_{j=1}^{k}(y_{ij} - \bar{y}_i)^2$$

其中 $p=5$ 是每个循环的实验点数。这个公式看起来很复杂,但是用单因素方差分析可以直接计算出结果,用 Excel 软件直接计算也很容易。得 σ 的无偏估计是

$$\hat{\sigma} = \sqrt{MSE}/c_2 \tag{9.2}$$

其中 c_2 是由 $5(k-1)$ 决定的常数,当 $k=2$ 时,$c_2=0.9876$;当 $k>2$ 时,c_2 近似为 1。

9.3.3　调优运算工作表

对例 9.4 的调优设计,经过 3 个循环的实验,实验数据见表 9.12。表 9.13 是第 1 循环的调优设计工作表,表格的形式是完整的,只是在第 1 循环中只能计算出部分数据。表 9.14 是第 2 循环的调优设计工作表,为了节约篇幅,省略了部分文字,可以参照表 9.13 的文字说明。

表 9.12　调优设计实验数据

k	$A_0 B_0$ (0)	$A_1 B_1$ (1)	$A_1 B_2$ (2)	$A_2 B_1$ (3)	$A_2 B_2$ (4)
1	95.6	94.2	95.2	96.8	95.2
2	95.1	95.2	94.3	95.6	95.6
3	94.8	94.8	94.8	96.7	96.1

从表 9.14 看到,A 因素效应的绝对值 $|a|=1.075$ 大于效应的误差限 0.9458,说明 A 因素对实验有显著影响。但是这时只是第二个循环,并且两

者相差不大。为了慎重,还是继续做第三个循环。

表 9.13　调优运算工作表

项目:回收率调优　　　　实验指标:回收率 y　　　循环数 $k=1$　　　周相数 $=1$

平 均 值	数　值					标　准　差
	(0)	**(1)**	**(2)**	**(3)**	**(4)**	
① 前循环的和						① 前循环 S 和等于前⑤
② 前循环平均						② 前循环 S 平均等于①$/(k-2)$
③ 本循环数据	95.6	94.2	95.2	96.8	95.2	③ 左④的极差 R_D
④ 差数②~③						④ 新 S,公式(9.1)
⑤ 新和	95.6	94.2	95.2	96.8	95.2	⑤ 新 S 和等于①＋④
⑥ 新平均	95.6	94.2	95.2	96.8	95.2	⑥ 新 S 平均等于⑤$/(k-1)$

效　应	数　值	误　差　限
A 因素	$(94.2+95.2-96.8-95.2)/2=-1.3$	
B 因素	$(94.2-95.2+96.8-95.2)/2=0.3$	对平均值$=2\sigma/\sqrt{k}$
交互效应 AB	$(-94.2+95.2+96.8-95.2)/2=1.3$	对效应$=2\sigma/\sqrt{k}$
CIM 平均变化	$(94.2+95.2+96.8+95.2-382.4)/5=$ -0.2	对平均变化$=1.78\sigma/\sqrt{k}$

表 9.14　调优运算工作表

项目:回收率调优　　　　实验指标:回收率 y　　　循环数 $k=2$　　　周相数 $=1$

平均值	数　值					标　准　差
	(0)	**(1)**	**(2)**	**(3)**	**(4)**	
①	95.6	94.2	95.2	96.8	95.2	① 前循环 S 和前⑤
②	95.6	94.2	95.2	96.8	95.2	② 前循环 S 平均
③	95.1	95.2	94.3	95.6	95.6	$R_D=2.2$
④	0.5	-1.0	-0.9	1.2	-0.4	④ 新 $S=0.6689$
⑤	190.7	189.4	189.5	192.4	190.8	⑤ 新 S 和$=0.6689$
⑥	95.35	94.7	94.75	96.2	95.4	⑥ 新 S 平均$=0.6689$

效　应	数　值	误　差　限
a	$(94.7+94.75-96.2-95.4)/2=-1.075$	
b	$(94.7-94.75+96.2-95.4)/2=0.375$	对平均值$=0.9458$
ab	$(-94.7+94.75+96.2-95.4)/2=0.425$	对效应$=0.9458$ 对平均变化$=0.842$
m	$(94.70+94.75+96.2+95.4-381.4)/5=-0.07$	

表 9.15 是第 3 循环的调优设计工作表,A 因素效应的绝对值 $|a|=1.25$ 远大于效应的误差限 0.639,可以充分肯定 A 因素对实验有显著影响。从表中的平均值看到,第(3)个处理 A_2B_1 的 3 次实验的平均值等于 96.37,收率最大,因此把新的中心点移到这里,即反应时间 A 为 85 min,反应温度 B 为 125 ℃,开始第 2 周相的实验。第 2 周相的因素的水平为

$$A_0=85,\quad A_1=80,\quad A_2=90;$$
$$B_0=125,\quad B_1=120,\quad B_2=130。$$

表 9.15　调优运算工作表

项目：回收率调优　　实验指标：回收率 y　　循环数 $k=3$　　周相数＝1

平均值	数　值					标　准　差
	(0)	**(1)**	**(2)**	**(3)**	**(4)**	
①	190.7	189.4	189.5	192.4	190.8	① 0.668 9
②	95.35	94.7	94.75	96.2	95.4	② 0.668 9
③	94.8	94.8	94.8	96.7	96.1	③ $R_D=1.25$
④	0.55	−0.1	−0.05	−0.5	−0.7	④ 新 $S=0.4387$
⑤	285.5	284.2	284.3	289.1	286.9	⑤ 新 S 和＝1.1076
⑥	95.17	94.73	94.77	96.37	95.63	⑥ 新 S 平均＝0.5538

效　应	数　值	误　差　限
a	$(94.73+94.77-96.37-95.63)/2=-1.25$	对平均值＝0.639
b	$(94.73-94.77+96.37-95.63)/2=0.35$	对效应＝0.639
ab	$(-94.73+94.77+96.37-95.63)/2=0.383$	对平均变化＝0.569
m	$(94.73+94.77+96.37+95.63-380.68)/5=0.167$	

实验的步骤与数据分析方法与第一周相完全相同,如此周而复始,直到找到最优的生产条件。

这些表格处理方法的特点是用极差估计总体标准差,计算公式简单,缺点是比较繁琐,需要填写和计算的数据过多,是针对手工计算设计的,不适合于目前计算机和计算软件已经普及的情况。可以用(9.2)式由样本标准差估计总体标准差,具体方法不再详述,留给读者自己完成。

思考与练习

思考题

9.1　如何用分辨率反应部分因子设计的混杂程度。

9.2　谈谈正交设计与析因设计的关系。

9.3　简述中心组合设计方法。

9.4　如何实施回归设计？

9.5　比较均匀设计的回归分析与本章回归设计的异同。

9.6　对常规的正交设计结果是否有必要做回归分析？如果有必要则说明具体方法；如果没必要则说明理由。

9.7　谈谈你对参考文献[3]的作者关于正交设计的评论的观点（见9.1.3 节第 1 部分）。

9.8　举例说明什么是套设计？

9.9　举例说明什么是裂区设计？

9.10　说明调优运算的作用和实施方法。

练习题

9.1　根据表 9.3 验证以下性质：

(1) $AB = BA$；

(2) $(AB)B = A, (AB)A = B$。

9.2　验证表 9.3 构成了一张 $L_{16}(2^{15})$ 正交表，给出二阶交互效应表。

9.3　仿照表 9.3 构成一张 $L_{32}(2^{31})$ 正交表，给出二阶交互效应表。

9.4　一个实验中有 A, B, C, D, E, F 共 6 个三水平因素，并要考虑交互效应 AB, AC, DE 是否可以用 $L_{27}(3^{13})$ 正交表安排？如果能则给出表头设计；如果不能则说明理由。

9.5　用 SAS 软件计算出例 9.2，分析计算结果。

9.6　胶带的生产分为两道工序完成，第一道工序是配制聚合溶液，第二道工序是在配制出的聚合溶液中加入固化剂再涂到基材上。第一道工序有 A, B 两个实验因素，第二道工序有 C, D, E 三个实验因素。不考虑因素间的交互效应，使用 $L_8(2^7)$ 正交表安排裂区实验设计，见下面的两张表，对实验结果做方差分析。

因素	名　称	水平 1	水平 2
A	溶液配比	30∶70	40∶60
B	反应时间/h	5	8
C	固化剂用量/%	50	25
D	固化温度/℃	100	120
E	固化时间/min	3	8

实验号	A	B	空白 1	C	D	E	空白 2	y
	1	2	3	4	5	6	7	
1	1	1	1	1	1	1	1	228.6
2	1	1	1	2	2	2	2	225.8
3	1	2	2	1	1	2	2	230.2
4	1	2	2	2	2	1	1	218.0
5	2	1	2	1	2	1	2	220.8
6	2	1	2	2	1	2	1	215.8
7	2	2	1	1	2	2	1	228.5
8	2	2	1	2	1	1	2	214.8

9.7　对例 9.4 的调优运算问题,用(9.2)式由样本标准差估计总体标准差,做 $k=3$ 的调优运算的分析。

附录1

练习题答案

第1章　实验设计概述（略）

第2章　比较实验与方差分析

2.1　采用单侧检验，首先做方差齐性检验，双侧 P 值 $= 2 \times 0.422 = 0.844 > 0.05$，认为两个处理的方差相等。采用双样本等方差单侧 t 检验，国产车的平均启动时间是 9.02 s，进口车的平均启动时间是 8.46 s，检验的 $t = 1.986$，单侧 P 值 $= 0.028\,5 < 0.05$，认为该厂国产车的启动速度显著地比进口车的启动速度慢。

对这道习题的数据用等方差和异方差做单侧 t 检验的结果完全相同，这是因为平衡实验的 t 统计量数值相等，并且两个处理的样本方差很接近，使得 t 统计量的自由度也相等。

2.2　采用成对样本双侧 t 检验，双侧 P 值 $= 0.716 > 0.05$，认为两台硬度测试机的测试效果无显著差异。

2.3　(1) 对实验组数据采用成对样本的 t 检验，单侧 P 值 $= 1.06 \times 10^{-8} < 0.05$，认为这种新降压药显著有效。

(2) 对标准组数据采用成对样本的 t 检验，单侧 P 值 $= 1.51 \times 10^{-5} < 0.05$，认为这种常规降压药显著有效。

(3) 对两组降幅数据采用等方差双侧 t 检验，双侧 P 值 $= 0.284$，不能认为新降压药的效果显著高于常规降压药的效果。

(4) 对实验组数据采用成对样本的 t 检验，平均差为 15 时单侧 P 值为 $0.055\,7 > 0.05$ 不能认为新降压药的平均降压幅度超过 15。

2.4　SAS 输出结果如下，注意其中做的是双侧检验，详细分析略。

ID	N	Mean	Std Dev	Std Error
0	6	7.26666667	1.91276414	0.78088269
1	8	8.97500000	0.73824115	0.26100766
Variances		T	DF	Prob>|T|
Unequal		-2.0749	6.1	0.0825
Equal		-2.3305	12.0	0.0380

H0：Variances are equal，F= 6.71   DF = (5,7)   Prob>F= 0.0267

2.5　单因素方差分析表如下，详细分析略。

差异源	*SS*	*df*	*MS*	*F*	*P*-value	Fcrit
组间	2.352	1	2.35	3.943 47	0.056 92	4.196
组内	16.7	28	0.6			
总计	19.052	29				

　　2.6　单因素方差分析的 *P* 值＝0.025 8，三者的平均燃烧时间有显著差异。

　　2.7　用有重复双因素方差分析，得实验员、批次、交互作用的 *P* 值分别为 0.195、4.82×10^{-8} 和 0.769。把最不显著的交互作用项合并到误差项中，重新做方差分析，得实验员和批次的 *P* 值分别为 0.142 和 5.07×10^{-11}，显著性都有所提高。认为各批次之间的乙醇含量有显著差异，实验员之间的检验效果有轻度差异，实验员与检验批次之间无交互作用。

第 3 章　单因素优化实验设计

　　3.1　(1) 用对分法安排实验。实验范围的中点是 $x=0.255$，不妨取作 $x=0.26$，得 $y=646>500$，舍去 0.26 以上的部分。以下的实验点分别是 0.13，0.19，0.16，0.18。由于实验存在随机误差，所以最后应该加做几次验证实验，在 $x=0.17,0.18,0.19$ 这几个点中找出一个符合要求的点。

　　(2) 用分数法安排实验。构造目标函数为 $|y-500|$，x 的水平数是 50，大于 50 的最小斐波那契数是 $F_9=55$，这样需要增加 5 个虚拟水平(含零水平)。在不考虑实验误差时需要做 9 次实验。由于实验存在误差，同样需要加做几

次验证实验。

（3）两种方法的比较（略）。

3.2 用对分法,第 1 次检查第 8 个接点,如果两边都通,这一点就是故障点;如果有一边不通,不妨设前边不通,则故障点在前边的 7 个接点之中。再检查第 4 个接点,……依次进行下去,至多检查 3 个接点就可以找出故障点。

3.3 用三等分检查法,每次两边各放球数的三分之一,不管天平是否平衡,都可以判断出轻球在哪一份之中,由于 $243 = 3^5$,至多需要称量 5 次就能够找出稍轻的球。

3.4 （略）

第 4 章　多因素优化实验设计

4.1 调质前数据线性化的回归方程为
$$\ln y = 7.530 + 0.879\,5\ln x_1 + 0.820\,6\ln x_2$$
把回归方程还原为原始状态的形式,得:
$$y = 1\,863 x_1^{0.879\,5} x_2^{0.820\,6}$$
回归的决定系数 $R^2 = 0.979\,4$,回归效果很好。回归方程的显著性 P 值 $= 2.58 \times 10^{-8}$,说明回归方程高度显著。

调质后数据线性化的回归方程为
$$\ln y = 7.473 + 0.916\,7\ln x_1 + 0.647\,9\ln x_2$$
把回归方程还原为原始状态的形式,得:
$$y = 2\,150 x_1^{0.916\,7} x_2^{0.647\,9}$$
回归的决定系数 $R^2 = 0.979\,8$,回归效果很好。回归方程的显著性 P 值 $= 4.78 \times 10^{-10}$,说明回归方程高度显著。

第 5 章　正交设计

5.1 直观分析（略）。

方差分析结果见下表。C 因素 P 值 $= 0.952$ 很不显著,这种 NN 固化物是无效的;B 因素石灰 P 值 $= 0.007$ 最显著,其用量取 3 水平最好;A 因素水泥 P 值 $= 0.016$ 也显著,其用量也取 3 水平。所以实验得到的最优条件是水泥 7%,石灰 12%,都是实验中水平的最大值,NN 固化物是不需要。由于石灰是很便宜的用料,可以考虑增加石灰含量再做验证实验。

项　目	A	B	C	误　差	y
水平 1 平均	1.098	0.842	1.447 3		
水平 2 平均	1.479	1.714	1.459 7		
水平 3 平均	1.798	1.818	1.467 3		
SS	0.736	1.724	0.000 6	0.01	2.47
df	2	2	2	2	8
MS	0.368	0.862	0.00	0.01	0.31
F	60.912	142.666	0.051		
P 值	0.016	0.007	0.952		

5.2 方差分析表如下,首先剔除最不显著的 B 因素(过程略),依次剔除不显著的因素,得 $D,A,A\times C,C$ 的 P 值分别是 $0.001,0.005,0.009,0.141$, D 因素取 2 水平, A 因素取 2 水平。在 A 因素取 2 水平时, $A\times C$ 的两个组合 A_2C_1 和 A_2C_2 的平均收率分别为 87.5 和 82.5,因此 C_1 应该取 1 水平,这与单独看 C 因素的好条件也是一致的。得最优条件是 $D_1A_2C_1$,反应时间 B 的两个水平对收率没有显著影响,不妨取其中较短的时间。

实验号	A	B	A×B	C	A×C	D	空白
水平 1 平均	80.25	82.75	82.25	83.25	80.75	86.25	82.25
水平 2 平均	85.00	82.50	83.00	82.00	84.50	79.00	83.00
SS	45.125	0.125	1.125	3.125	28.125	105.125	1.125
df	1	1	1	1	1	1	1
MS	45.125	0.125	1.125	3.125	28.125	105.125	1.125
F	40.111	0.111	1.000	2.778	25.000	93.444	1.000
P 值	0.100	0.795	0.500	0.344	0.126	0.066	

5.3 计算 7 个因素的方差和均方见下表。均方最小的是 D,F,G 这 3 个因素,把他们合并为误差,得 B,A,C,E 这 4 个显著的因素 P 值分别为 $0.000\,3,0.004\,8,0.005\,4,0.043\,3$。进一步的分析由读者自己完成。

	A	B	C	D	E	F	G
SS	718.71	1 052.72	348.25	3.36	137.25	29.86	41.08
df	5	2	2	2	2	2	2
MS	143.74	526.36	174.13	1.68	68.63	14.93	20.54

5.4　直接看的好条件是第 2 号实验 $A_1B_1C_2$。实验的有关计算结果见下表,可以看到 A,C 两个因素都不显著,只有 B 因素显著。其中第 3,5,7 列的空白列对实验有显著影响,查交互作用表知这 3 个空白列分别对应交互作用 $A\times B,A\times C,B\times C$。$B$ 因素 P 值 $=0.0010$ 显著性最高,其 1 水平平均实验值是 1.525,2 水平平均实验值是 2.188,所以 B 因素取 1 水平。其次是 $A\times B$ 的 P 值 $=0.0134$,A_1B_1 和 A_2B_1 的平均值分别是 1.35 和 1.70,所以 A 因素取 1 水平。其次是 $B\times C$ 的 P 值 $=0.0587$,B_1C_1 和 B_1C_2 的平均值分别是 1.628 和 1.425,所以 C 因素取 2 水平。最后是 $A\times B$ 的 P 值 $=0.0791$,有弱的显著性,其平均值最小的组合是 A_1B_1,与前面的分析一致。所以最优组合条件是 $A_1B_1C_2$。

因　素	列号	DF	SS	MS	F	P 值
A	1	1	0.015 6	0.015 6	0.23	0.644 8
B	2	1	1.755 6	1.755 6	25.77	0.001 0
空白 1	3	1	0.680 6	0.680 6	9.99	0.013 4
C	4	1	0.030 6	0.030 6	0.45	0.521 4
空白 2	5	1	0.275 6	0.275 6	4.05	0.079 1
空白 3	6	1	0.330 6	0.330 6	4.85	0.058 7
空白 4	7	1	0.005 6	0.005 6	0.08	0.781 1
纯误差		8	0.545 0	0.068 1		
总计		15	3.639 4			

第 6 章　均匀设计

6.1　用 Excel 生成 $U_8(8^4)$ 均匀设计表的运算过程和结果如下表所示。

	B3	▼	=	=MOD($A3*B$2,8)	
	A	B	C	D	E
1	实验号\列号	1	2	3	4
2	1	1	3	5	7
3	2	2	6	2	6
4	3	3	1	7	5
5	4	4	4	4	4
6	5	5	7	1	3
7	6	6	2	6	2
8	7	7	5	3	1
9	8	8	8	8	8

6.2　由逐步回归得回归方程为

$$y = 279.3 - 4.690X_1 + 0.095\,42X_1X_2 + 0.139\,1X_1^2$$

为使 y 值最小，X_2 应该取最小值 $1.65\,\text{mm}$，代入回归方程得

$$y = 279.3 - 4.533\,X_1 + 0.139\,1X_1^2$$

其最小值在 $X_1 = 16.3\,\text{MPa}$ 时达到，对这个最优条件计算出的 y 值为 242.4，与直接看的最优值 242.7 很接近。这道习题选自文献[20]，验证实验的结果是 $y = 239.5$。

6.3　由于 $X_1 + X_2 + X_3 = 1$，所以只用 X_1 和 X_2 这两个自变量作回归，y 对 X_1，X_2 和 $X_{11} = X_1^2$，$X_{22} = X_2^2$，$X_{12} = X_1X_2$ 的回归中，X_2 的 P 值 $= 0.975\,5$ 最大，最不显著，首先剔除。之后再剔除 X_1，得回归方程

$$\hat{y} = 10.18 - 2.628X_1^2 + 4.617X_1X_2 - 2.817X^2$$

可知 X_1 和 X_2 取值越小 y 的值越大，由实验结果看到，y 值最大的三个实验是

$$X_1 = 0.452,\quad X_2 = 0.210,\quad y = 10.680;$$
$$X_1 = 0.293,\quad X_2 = 0.118,\quad y = 10.238;$$
$$X_1 = 0.017,\quad X_2 = 0.033,\quad y = 10.139。$$

y 值最小的两个实验是：

$$X_1 = 0.817,\quad X_2 = 0.055,\quad y = 0.850\,8;$$
$$X_1 = 0.051,\quad X_2 = 0.727,\quad y = 8.892。$$

可见只要 X_1 和 X_2 中有一个取值很大就导致 y 值很小，因此应该取 X_3 的值较大，具体取值可以结合成本而定。如果因素 X_3 的成本高，可以取 $X_1 = 0.45, X_2 = 0.21, X_3 = 0.34$。如果因素 X_3 的成本低，可以取 $X_1 = 0.02$，$X_2 = 0.03, X_3 = 0.95$。

6.4　（略）

6.5　用逐步回归得回归方程

$$\hat{y} = 28.72 + 1.334\,X_1X_2 - 336.8\,X_2X_4$$

$R^2 = 0.60$，为使 y 最大，X_1 应该最大，取 $X_1 = 28$，X_4 应该最小，取 $X_4 = 0.07$。把这两个值代入回归方程中得

$$\hat{y} = 28.72 + 1.334 \times 28X_2 - 336.8 \times 0.07X_2 = 28.72 + 13.78X_2$$

所以 X_2 应该取最大值 0.40，这时 X_3 和 X_5 都只有取最小值 $X_3 = 0.05$ 和 $X_5 = 0.48$ 才能满足约束条件。

这道习题选自文献[19]，回归拟合的效果 $R^2 = 0.60$ 并不好，但是实际的生产效益是很好的。实验前，鞍山钢铁公司特种耐火材料厂的镁碳砖平均耐压强度只有 $25\,\text{MPa}$，通过对颗粒配比的优化处理，理论上可使平均耐压强度

达到 34.2 MPa。按照以上最优条件投产后平均耐压强度达到 32 MPa～
33 MPa,不但使平均耐压强度增加 7 MPa,而且使细粉的利用率增加 11%,
生产 300 t 镁碳砖仅成本就降低 20.8 万元。

第 7 章　稳健性设计

7.1　　由于功率 P 与 U^2 成正比,与 R 成反比,并且 U 的水平值大时相
对误差也大,而电阻 R 的每个水平的相对误差是相同的,因此 U 的水平值越
小功率 P 的稳健性越高,U 和 R 的最优搭配是(1.5,4.5)。

本题也可以计算 U 和 R 的每种给定组合下的信噪比而得到最优搭配,计
算结果见下表,每一种搭配下功率 P 的平均值都接近 0.5,其中第一种搭配
(1.5,4.5)的信噪比最大,是最稳健的搭配。

U	R	$\bar{y}_i$	V_i	SNR
1.5	4.50	0.506 7	0.009 60	14.25
3.0	18.0	0.509 9	0.016 99	11.82
4.5	40.5	0.513 1	0.024 16	10.33
6.0	72.0	0.516 8	0.032 74	9.06

7.2　(1)计算出的部分数据见下表,信噪比最大的是第 3 号实验 SNR＝
24.56,因素搭配是 $X_1 D_3 P_3$,平均换本速度 $\bar{y}_3 = 976.3$,和目标值 960 已经
比较接近。对信噪比作方差分析,得 X,D,P 这 3 个因素的 P 值分别为
0.477,0.148,0.098,可知 X 是信噪比的不敏感因素。对 $\bar{y}_i$ 作方差分析,得
X,D,P 这 3 个因素的 P 值分别为 0.088,0.005,0.005,可知 X 对实验指标
有弱的影响,可以取 X 为 y 的调节因素。取 $X=50$,D 和 P 仍保持第三水平,
噪声因素仍按照题目选取,得 y 的平均值为 957.4,和目标值 960 很接近,信
噪比仍然为 24.56,稳健性也很好。

$\bar{y}_i$	V_i	SNR	$\bar{y}_i$	V_i	SNR
276.2	23 281.2	5.080	710.5	6 427.8	18.95
692.5	4 371.7	20.40	712.3	4 009.9	21.02
976.3	3 334.3	24.56	559.5	8 607.5	15.60
534.5	5 940.5	16.82	906.1	4 787.1	22.34
859.5	3 502.8	23.24			

（2）计算过程见下表：

	A	B	C	D	E	F	G	H	I	J
1	X	D	P	F	W	y1	y2	$\bar{y}_i$	V_i	SNR
2	52	22	0.22	77	85	0.0	425.8	212.9	90 655	0.00
3	52	24	0.26	77	85	605.3	781.4	693.3	15 512	14.84
4	52	26	0.3	77	85	917.8	1 064.9	991.3	10 818	19.56
5	56	22	0.26	77	85	415.3	627.7	521.5	22 564	10.61
6	56	24	0.3	77	85	790.9	945.4	868.2	11 939	17.97
7	56	26	0.22	77	85	604.2	816.2	710.2	22 472	13.41
8	60	22	0.3	77	85	626.6	796.9	711.8	14 508	15.37
9	60	24	0.2	77	85	227.5	569.4	398.4	58 455	3.46
10	60	26	0.26	77	85	825.7	1 005.3	915.5	16 128	17.12

在单元格"F2"内输入公式：

"＝SQRT(9800×(A2－0.2)×(PI()×(B2－0.1)^2 ×(C2－0.02)/2－2×D2)/E2)"

在单元格"G2"内输入公式：

"＝SQRT(9800×(A2＋0.2)×(PI()×(B2＋0.1)^2 ×(C2＋0.02)/2－2×D2)/E2)"

仍然是第 3 号实验 $X_1 D_3 P_3$ 的信噪比 SNR＝19.56 最大,灵敏度设计与(1)相似,得最优搭配为 $X=49$,D 和 P 仍保持第三水平,此时 y 的平均值为 962.3,信噪比仍然为 19.55。

7.3 （略）

第 8 章　可靠性设计与寿命实验

8.1　0.965。

8.2　(1) 0.32；　　(2) 0.60；　　(3) 0.99。

8.3　(1) 0.999 8；(2) 0.45。

8.4　MTTF＝12 284。

8.5　对 Eyring 加速模型两边取对数线性化,得

$$\ln y = \ln A - C \ln S + B/T$$

把原始数据作相应的函数变换,见下表：

1/T	ln S	ln y	1/T	ln S	ln y
0.001 961	5.481	8.321	0.001 852	5.298	6.435
0.001 961	5.737	7.003	0.001 852	5.481	5.636
0.001 961	5.814	6.287	0.001 754	5.298	4.749
0.001 852	5.737	3.961	0.001 709	4.942	6.210

得回归方程

$$\ln y = -2.094 - 6.421 \ln S + 23\,252/T$$

回归的 $R^2 = 0.96$，显著性 P 值 $= 0.000\,4$，回归效果较好。把以上方程还原为

$$y = \frac{0.123\,2}{S^{6.421}} \exp(23\,252/T)$$

把正常条件的使用温度 $T = 510\ ℃$ 和应力 $S = 110\ MPa$ 代入以上方程，得平均寿命 $y = 607\,086\ h$。

8.6　数据分析结果见下表，综合比较法得最优搭配是 Cr 取 2 水平，Mo 和 Co 都取 3 水平，与直接看的最优结果是一样的。合金样品的持久时间 $y = 74.1\ h$。三个因素中 Co 对 y 的影响最大，其次是 Cr，Mo 对 y 的影响较小。

	Cr	Mo	Co
水平 1	30.20	48.50	59.23
水平 2	49.33	42.50	32.17
水平 3	44.33	32.87	32.47

	Cr	Mo	Co	误差	y
SS	590.84	373.20	1\,449.15	83.56	2\,496.75
df	2	2	2	2	8
MS	295.42	186.60	724.57	41.78	312.09
F	7.071	4.466	17.342		
P 值	0.124	0.183	0.055		

第 9 章　析因设计

9.1　（略）

9.2　（略）

9.3　（略）

9.4　不能安排，如下表所示，例如在前 7 列安排下 A,B,C 这三个因素和两个交互作用 AB 及 AC 后，这时 D,E 两个因素不论排在剩余的哪两列上，其交互作用 DE 总会出现在前 7 列，产生混杂。

因素	A	B	AB	AB	C	AC	AC	D					
列	1	2	3	4	5	6	7	8	9	10	11	12	13

9.5　（1）随机化实验。计算出 A 因素 1 水平均值 $=83.62$，2 水平均值 $=85.52$。t 检验结果见下表，不论是否认为方差齐性，A 因素的两个水平之间的差异都不显著，可以认为弱显著。

方　差	T	DF	双侧 P 值
Unequal	1.548 5	21	0.136 6
Equal	1.548 5	22	0.135 8

（2）随机化区组设计。方差分析表如下，A 因素弱显著，区组因素 B 不显著。

Source	DF	SS	MS	F-value	Pr > F
A	1	21.66	21.66	2.48	0.130 8
B	2	24.24	12.12	1.39	0.272 3
Error	20	174.5	8.725		
Cor Total	23	220.4			

（3）二级嵌套。方差分析表如下，A 因素弱显著，嵌套区组因素 B 高度显著。

Source	DF	Type I SS	MS	F-value	Pr > F
A	1	21.66	21.66	4.40	0.050 3
B(A)	4	110.13	27.53	5.59	0.004 2
Error	18	88.60	4.922		
Cor Total	23	220.4			

（4）三级嵌套。方差分析表如下，A 因素显著，二级嵌套区组因素 B 高度显著，三级嵌套区组因素 C 弱显著。

Source	DF	Type Ⅰ SS	MS	F-value	Pr > F
A	1	21.66	21.66	7.09	0.020 7
B(A)	4	110.1	27.53	9.01	0.001 3
C(AB)	6	51.92	8.653	2.83	0.059 0
Error	12	36.68	3.057		
Cor Total	23	220.4			

9.6 各列的离差平方和见下表,首先对二级因素做显著性检验,以空白 2 为误差项做方差分析,C, D, E 的 P 值分别是 0.013,0.119,0.024,C, E 显著,而 D 仅弱显著。由于空白 2 的自由度仅为 1,所以不妨把 D 因素合并到二级误差项中,得区组因素 AB 的 P 值=0.03 显著。对 A, B 和空白 1 的分析可知,A 因素是显著的,B 因素不显著,由于空白 1 的离差平方和较大,一级因素 A 与 B 之间可能存在交互作用,也可能是第一道工序受到非实验因素的严重影响,具体原因还应该做进一步的实验给予验证。

	A	B	空白 1	C	D	E	空白 2
一水平平均	225.7	222.7	224.4	227.0	222.4	220.6	222.7
二水平平均	220.0	222.9	221.2	218.6	223.3	225.1	222.9
SS	64.41	0.031 3	20.80	142.0	1.711	40.95	0.061 2

9.7 用 Excel 软件的单因素方差分析命令算出 MSE=0.316 7,标准差 $=\sqrt{0.316\ 7}=0.562\ 8$。

对平均值误差限=$2 \times 0.562\ 8/1.732 = 0.650$

对效应误差限 =$2 \times 0.562\ 8/1.732 = 0.650$

对平均变化误差限=$1.78 \times 0.562\ 8/1.732 = 0.572$

其他的分析与极值法相同,得 A 因素对实验有显著影响。

附录 2

实验设计常用数表 ——————————

表 1 t 分布临界值表

$$P(t(n) > t_\alpha) = \alpha \ , P(\mid t(n) \mid > t_{\alpha/2}) = \alpha$$

单侧 α	0.05	0.025	0.01	0.005	单侧 α	0.05	0.025	0.01	0.005
双侧 α	0.10	0.05	0.02	0.01	双侧 α	0.10	0.05	0.02	0.01
n	$t_{0.05}$	$t_{0.025}$	$t_{0.01}$	$t_{0.005}$	n	$t_{0.05}$	$t_{0.025}$	$t_{0.01}$	$t_{0.005}$
1	6.314	12.706	31.821	63.656	21	1.721	2.080	2.518	2.831
2	2.920	4.303	6.965	9.925	22	1.717	2.074	2.508	2.819
3	2.353	3.182	4.541	5.841	23	1.714	2.069	2.500	2.807
4	2.132	2.776	3.747	4.604	24	1.711	2.064	2.492	2.797
5	2.015	2.571	3.365	4.032	25	1.708	2.060	2.485	2.787
6	1.943	2.447	3.143	3.707	26	1.706	2.056	2.479	2.779
7	1.895	2.365	2.998	3.499	27	1.703	2.052	2.473	2.771
8	1.860	2.306	2.896	3.355	28	1.701	2.048	2.467	2.763
9	1.833	2.262	2.821	3.250	29	1.699	2.045	2.462	2.756
10	1.812	2.228	2.764	3.169	30	1.697	2.042	2.457	2.750
11	1.796	2.201	2.718	3.106	31	1.696	2.040	2.453	2.744
12	1.782	2.179	2.681	3.055	32	1.694	2.037	2.449	2.738
13	1.771	2.160	2.650	3.012	33	1.692	2.035	2.445	2.733
14	1.761	2.145	2.624	2.977	34	1.691	2.032	2.441	2.728
15	1.753	2.131	2.602	2.947	35	1.690	2.030	2.438	2.724
16	1.746	2.120	2.583	2.921	36	1.688	2.028	2.434	2.719
17	1.740	2.110	2.567	2.898	37	1.687	2.026	2.431	2.715
18	1.734	2.101	2.552	2.878	38	1.686	2.024	2.429	2.712
19	1.729	2.093	2.539	2.861	39	1.685	2.023	2.426	2.708
20	1.725	2.086	2.528	2.845	40	1.684	2.021	2.423	2.704

注：用 Excel 软件的"$=\mathrm{TINV}(\alpha,n)$"公式可以计算出任意显著性水平为 α，自由度为 n 的 t 分布右侧临界值，双侧临界值等于显著性水平为 $\alpha/2$ 的右侧临界值。

表 2　F 分布临界值表

显著性水平 $\alpha = 0.05$，$P(F(n_1, n_2) > F_{0.05}) = 0.05$

n_2 \ n_1	1	2	3	4	5	6	7	8	9	10	11	12
1	161.4	199.5	215.7	224.6	230.2	234.0	236.8	238.9	240.5	241.9	243.0	243.9
2	18.51	19.00	19.16	19.25	19.30	19.33	19.35	19.37	19.38	19.40	19.40	19.41
3	10.13	9.55	9.28	9.12	9.01	8.94	8.89	8.85	8.81	8.79	8.76	8.74
4	7.71	6.94	6.59	6.39	6.26	6.16	6.09	6.04	6.00	5.96	5.94	5.91
5	6.61	5.79	5.41	5.19	5.05	4.95	4.88	4.82	4.77	4.74	4.70	4.68
6	5.99	5.14	4.76	4.53	4.39	4.28	4.21	4.15	4.10	4.06	4.03	4.00
7	5.59	4.74	4.35	4.12	3.97	3.87	3.79	3.73	3.68	3.64	3.60	3.57
8	5.32	4.46	4.07	3.84	3.69	3.58	3.50	3.44	3.39	3.35	3.31	3.28
9	5.12	4.26	3.86	3.63	3.48	3.37	3.29	3.23	3.18	3.14	3.10	3.07
10	4.96	4.10	3.71	3.48	3.33	3.22	3.14	3.07	3.02	2.98	2.94	2.91
11	4.84	3.98	3.59	3.36	3.20	3.09	3.01	2.95	2.90	2.85	2.82	2.79
12	4.75	3.89	3.49	3.26	3.11	3.00	2.91	2.85	2.80	2.75	2.72	2.69
13	4.67	3.81	3.41	3.18	3.03	2.92	2.83	2.77	2.71	2.67	2.63	2.60
14	4.60	3.74	3.34	3.11	2.96	2.85	2.76	2.70	2.65	2.60	2.57	2.53
15	4.54	3.68	3.29	3.06	2.90	2.79	2.71	2.64	2.59	2.54	2.51	2.48
16	4.49	3.63	3.24	3.01	2.85	2.74	2.66	2.59	2.54	2.49	2.46	2.42
17	4.45	3.59	3.20	2.96	2.81	2.70	2.61	2.55	2.49	2.45	2.41	2.38
18	4.41	3.55	3.16	2.93	2.77	2.66	2.58	2.51	2.46	2.41	2.37	2.34
19	4.38	3.52	3.13	2.90	2.74	2.63	2.54	2.48	2.42	2.38	2.34	2.31
20	4.35	3.49	3.10	2.87	2.71	2.60	2.51	2.45	2.39	2.35	2.31	2.28
21	4.32	3.47	3.07	2.84	2.68	2.57	2.49	2.42	2.37	2.32	2.28	2.25
22	4.30	3.44	3.05	2.82	2.66	2.55	2.46	2.40	2.34	2.30	2.26	2.23
23	4.28	3.42	3.03	2.80	2.64	2.53	2.44	2.37	2.32	2.27	2.24	2.20
24	4.26	3.40	3.01	2.78	2.62	2.51	2.42	2.36	2.30	2.25	2.22	2.18
25	4.24	3.39	2.99	2.76	2.60	2.49	2.40	2.34	2.28	2.24	2.20	2.16
26	4.23	3.37	2.98	2.74	2.59	2.47	2.39	2.32	2.27	2.22	2.18	2.15
27	4.21	3.35	2.96	2.73	2.57	2.46	2.37	2.31	2.25	2.20	2.17	2.13
28	4.20	3.34	2.95	2.71	2.56	2.45	2.36	2.29	2.24	2.19	2.15	2.12
29	4.18	3.33	2.93	2.70	2.55	2.43	2.35	2.28	2.22	2.18	2.14	2.10
30	4.17	3.32	2.92	2.69	2.53	2.42	2.33	2.27	2.21	2.16	2.13	2.09
40	4.08	3.23	2.84	2.61	2.45	2.34	2.25	2.18	2.12	2.08	2.04	2.00
60	4.00	3.15	2.76	2.53	2.37	2.25	2.17	2.10	2.04	1.99	1.95	1.92
120	3.92	3.07	2.68	2.45	2.29	2.18	2.09	2.02	1.96	1.91	1.87	1.83

注：用 Excel 软件的"＝FINV(α, n1, n2)"公式可以计算出任意显著性水平为 α，自由度为 (n_1, n_2) 的 F 分布临界值。

表 3　常用正交表

$L_{16}(4^5)$ 正交表

实验号	列　号				
	1	2	3	4	5
1	1	2	3	2	3
2	3	4	1	2	2
3	2	4	3	3	4
4	4	2	1	3	1
5	1	3	1	4	4
6	3	1	3	4	1
7	2	1	1	1	3
8	4	3	3	1	2
9	1	1	4	3	2
10	3	3	2	3	3
11	2	3	4	2	1
12	4	1	2	2	4
13	1	4	2	1	2
14	3	2	4	1	4
15	2	2	2	4	2
16	4	4	4	4	3

$L_{16}(4^4 \times 2^3)$ 正交表

实验号	列　号						
	1	2	3	4	5	6	7
1	1	2	3	2	2	1	2
2	3	4	1	2	1	2	2
3	2	4	3	3	2	2	1
4	4	2	1	3	1	1	1
5	1	3	1	4	2	2	1
6	3	1	3	4	1	1	1
7	2	1	1	1	2	1	2
8	4	3	3	1	1	2	2
9	1	1	4	3	1	2	2
10	3	3	2	3	2	1	2
11	2	3	4	2	1	1	1
12	4	1	2	2	2	2	1
13	1	4	2	1	1	1	1
14	3	2	4	1	2	2	1
15	2	2	2	4	1	2	2
16	4	4	4	4	2	1	2

$L_{25}(5^6)$ 正交表

实验号	列　号					
	1	2	3	4	5	6
1	1	1	2	4	3	2
2	2	1	5	5	5	4
3	3	1	4	1	4	1
4	4	1	1	3	1	3
5	5	1	3	2	2	5
6	1	2	3	3	4	4
7	2	2	2	2	1	1
8	3	2	5	4	2	3
9	4	2	4	5	3	5
10	5	2	1	1	5	2
11	1	3	1	5	2	1
12	2	3	3	1	3	3
13	3	3	2	3	5	5
14	4	3	5	2	4	2
15	5	3	4	4	1	4
16	1	4	4	2	5	3
17	2	4	1	4	4	5
18	3	4	3	5	1	2
19	4	4	2	1	2	4
20	5	4	5	3	3	1
21	1	5	5	1	1	5
22	2	5	4	3	2	2
23	3	5	1	2	3	4
24	4	5	3	4	5	1
25	5	5	2	5	4	3

$L_{27}(3^{13})$ 正交表

实验号	列　号												
	1	2	3	4	5	6	7	8	9	10	11	12	13
1	1	1	1	1	1	1	1	1	1	1	1	1	1
2	1	1	1	1	2	2	2	2	2	2	2	2	2
3	1	1	1	1	3	3	3	3	3	3	3	3	3
4	1	2	2	2	1	1	1	2	2	2	3	3	3
5	1	2	2	2	2	2	2	3	3	3	1	1	1
6	1	2	2	2	3	3	3	1	1	1	2	2	2
7	1	3	3	3	1	1	1	3	3	3	2	2	2
8	1	3	3	3	2	2	2	1	1	1	3	3	3
9	1	3	3	3	3	3	3	2	2	2	1	1	1
10	2	1	2	3	1	2	3	1	2	3	1	2	3
11	2	1	2	3	2	3	1	2	3	1	2	3	1
12	2	1	2	3	3	1	2	3	1	2	3	1	2
13	2	2	3	1	1	2	3	2	3	1	3	1	2
14	2	2	3	1	2	3	1	3	1	2	1	2	3
15	2	2	3	1	3	1	2	1	2	3	2	3	1
16	2	3	1	2	1	2	3	3	1	2	2	3	1
17	2	3	1	2	2	3	1	1	2	3	3	1	2
18	2	3	1	2	3	1	2	2	3	1	1	2	3
19	3	1	3	2	1	3	2	1	3	2	1	3	2
20	3	1	3	2	2	1	3	2	1	3	2	1	3
21	3	1	3	2	3	2	1	3	2	1	3	2	1
22	3	2	1	3	1	3	2	2	1	3	3	2	1
23	3	2	1	3	2	1	3	3	2	1	1	3	2
24	3	2	1	3	3	2	1	1	3	2	2	1	3
25	3	3	2	1	1	3	2	3	2	1	2	1	3
26	3	3	2	1	2	1	3	1	3	2	3	2	1
27	3	3	2	1	3	2	1	2	1	3	1	3	2

$$L_{27}(3^{13})\text{ 正交表的交互作用表}$$

实验号	1	2	3	4	5	6	7	8	9	10	11	12	13
1	3 4	2 4	2 3	6 7	5 7	5 6	9 10	8 10	8 9	12 13	11 13	11 12	
2			1 4	1 3	8 11	9 12	10 13	5 11	6 12	7 13	5 8	6 9	7 10
3				1 2	9 13	10 11	8 12	7 12	5 13	6 11	6 10	7 8	5 9
4					10 12	8 13	9 11	6 13	7 11	5 12	7 9	5 10	6 8
5						1 7	1 6	2 11	3 13	4 12	2 8	4 10	3 9
6							1 5	4 13	2 12	3 11	3 10	2 9	4 8
7								3 12	4 11	2 13	4 9	3 8	2 10
8									1 10	1 9	2 5	3 7	4 6
9										1 8	4 7	2 6	3 5
10											3 6	4 5	2 7
11												1 13	1 12
12													1 11

无交互作用的 $L_{20}(2^{19})$ 正交表

实验号	列号																		
	1	2	3	4	5	6	7	8	9	10	11	12	13	14	15	16	17	18	19
1	−1	1	−1	1	1	1	1	−1	−1	1	1	−1	1	1	−1	−1	−1	−1	1
2	−1	−1	−1	−1	1	−1	1	−1	1	1	1	1	−1	−1	1	1	−1	1	1
3	1	−1	1	1	1	1	−1	−1	1	1	−1	1	1	−1	−1	−1	−1	1	−1
4	1	−1	−1	1	1	1	1	−1	−1	−1	1	1	−1	1	−1	1	1	1	1
5	1	1	−1	1	1	−1	−1	−1	−1	1	1	1	−1	1	1	1	1	−1	−1
6	−1	1	1	−1	−1	−1	−1	1	1	1	−1	1	1	1	1	−1	−1	1	1
7	−1	1	−1	1	−1	1	1	1	1	−1	−1	1	1	−1	1	1	−1	−1	−1
8	−1	−1	−1	1	−1	1	−1	1	1	1	1	−1	−1	1	1	−1	1	1	−1
9	1	1	−1	−1	−1	−1	1	−1	1	−1	1	1	1	1	−1	−1	1	1	−1
10	1	−1	1	−1	1	1	1	1	−1	−1	1	1	−1	1	1	−1	−1	−1	−1
11	−1	−1	−1	−1	−1	−1	−1	−1	−1	−1	−1	−1	−1	−1	−1	−1	−1	−1	−1
12	1	1	1	1	−1	−1	1	−1	1	1	−1	1	−1	−1	1	−1	1	−1	−1
13	−1	−1	1	1	−1	1	−1	1	−1	−1	−1	−1	1	−1	1	1	−1	1	1
14	−1	−1	1	−1	1	1	−1	1	1	1	1	−1	1	1	−1	1	1	−1	−1
15	1	−1	1	1	−1	−1	−1	1	1	−1	1	1	1	1	1	−1	−1	1	1
16	1	−1	−1	−1	−1	1	−1	1	1	−1	1	1	−1	1	1	1	−1	1	1
17	−1	1	1	1	1	−1	1	1	1	−1	1	1	−1	−1	−1	−1	1	−1	1
18	1	1	1	−1	−1	1	1	−1	1	1	−1	−1	−1	−1	1	1	−1	1	−1
19	1	1	−1	−1	1	1	−1	1	1	−1	−1	−1	−1	1	−1	1	−1	1	1
20	−1	1	1	−1	1	1	−1	−1	−1	−1	1	−1	1	−1	1	1	1	1	−1

表 4　均匀设计表

$U_5(5^3)$

实验号	1	2	3
1	1	2	4
2	2	4	3
3	3	1	2
4	4	3	1
5	5	5	5

$U_5(5^3)$ 的使用表

s	列	号		D
2	1	2		0.310 0
3	1	2	3	0.457 0

$U_6^*(6^4)$

实验号	1	2	3	4
1	1	2	3	6
2	2	4	6	5
3	3	6	2	4
4	4	1	5	3
5	5	3	1	2
6	6	5	4	1

$U_6^*(6^4)$ 的使用表

s	列		号		D
2	1	3			0.187 5
3	1	2	3		0.265 6
4	1	2	3	4	0.299 0

$U_8^*(8^5)$

实验号	1	2	3	4	5
1	1	2	4	7	8
2	2	4	8	5	7
3	3	6	3	3	6
4	4	8	7	1	5
5	5	1	2	8	4
6	6	3	6	6	3
7	7	5	1	4	2
8	8	7	5	2	1

$U_8^*(8^5)$ 的使用表

s	列		号		D
2	1	3			0.144 5
3	1	3	4		0.200 0
4	1	2	3	5	0.270 9

$U_9(9^5)$

实验号	1	2	3	4	5
1	1	2	4	7	8
2	2	4	8	5	7
3	3	6	3	3	6
4	4	8	7	1	5
5	5	1	2	8	4
6	6	3	6	6	3
7	7	5	1	4	2
8	8	7	5	2	1
9	9	9	9	9	9

$U_9(9^5)$ 的使用表

s	列		号		D
2	1	3			0.194 4
3	1	3	4		0.310 2
4	1	2	3	5	0.406 6

$U_9^*(9^4)$

实验号	1	2	3	4		1	2	3	4
1	1	3	7	9	6	6	8	2	4
2	2	6	4	8	7	7	1	9	6
3	3	9	1	7	8	8	4	6	2
4	4	2	8	6	9	9	7	3	1
5	5	5	5	5					

$U_9^*(9^4)$的使用表

s	列　　号		D
2	2		0.157 4
3	3	4	0.198 0

$U_{10}^*(10^8)$

实验号	1	2	3	4	5	6	7	8
1	1	2	3	4	5	7	9	10
2	2	4	6	8	10	3	7	9
3	3	6	9	1		10	5	8
4	4	8	1	5	9	6	3	7
5	5	10	4	9	3	2	1	6
6	6	1	7	2	8	9	10	5
7	7	3	10	6	2	5	8	4
8	8	5	2	10	7	1	6	3
9	9	7	5	3	1	8	4	2
10	10	9	8	7	6	4	2	1

$U_{10}^*(10^8)$的使用

s	列　　　号					D
2	1	6				0.112 5
3	1	5	6			0.168 1
4	1	3	4	5		0.223 6
5	1	3	4	5	7	0.241 4
6	1	2	3	5	6 8	0.299 4

$U_{11}(11^6)$

实验号	1	2	3	4	5	6
1	1	2	3	5	7	10
2	2	4	6	10	3	9
3	3	6	9	4	10	8
4	4	8	1	9	6	7
5	5	10	4	3	2	6
6	6	1	7	8	9	5
7	7	3	10	2	5	4
8	8	5	2	7	1	3
9	9	7	5	1	8	2
10	10	9	8	6	4	1
11	11	11	11	11	11	11

$U_{11}(11^6)$的使用表

s	列　　　号					D
2	1	5				0.163 2
3	1	4	5			0.264 9
4	1	3	4	5		0.352 8
5	1	2	3	4	5	0.428 6
6	1	2	3	4	5 6	0.494 2

$$U_{11}^*(11^4)$$

实验号	1	2	3	4		1	2	3	4
1	1	5	7	11	7	7	11	1	5
2	2	10	2	10	8	8	4	8	4
3	3	3	9	9	9	9	9	3	3
4	4	8	4	8	10	10	2	10	2
5	5	1	11	7	11	11	7	5	1
6	6	6	6	6					

$$U_{11}^*(11^4)\text{的使用表}$$

s	列		号				D
2	1	2					0.113 6
3	2	3	4				0.230 7

$$U_{12}^*(12^{10})$$

实验号	1	2	3	4	5	6	7	8	9	10
1	1	2	3	4	5	6	8	9	10	12
2	2	4	6	8	10	12	3	5	7	11
3	3	6	9	12	2	5	11	1	4	10
4	4	8	12	3	7	11	6	10	1	9
5	5	10	2	7	12	4	1	6	11	8
6	6	12	5	11	4	10	9	2	8	7
7	7	1	8	2	9	3	4	11	5	6
8	8	3	11	6	1	9	12	7	2	5
9	9	5	1	10	6	2	7	3	12	4
10	10	7	4	1	11	8	2	12	9	3
11	11	9	7	5	3	1	10	8	6	2
12	12	11	10	9	8	7	5	4	3	1

$$U_{12}^*(12^{10})\text{的使用表}$$

s	列			号				D
2	1	5						0.116 3
3	1	6	9					0.183 8
4	1	6	7	9				0.223 3
5	1	3	4	8	10			0.227 2
6	1	2	6	7	8	9		0.267 0
7	1	2	6	7	8	9	10	0.276 8

注：更多的均匀设计表可以从以下两个网站下载：

http://www.math.hkbu.edu.hk/Uniform Design/

http://ust40.html.533.net

参 考 文 献

1 贾俊平.统计学.北京：清华大学出版社,2004

2 任露全.试验优化设计与分析.北京：高等教育出版社,2003

3 Douglas C. Montgomery 著.汪仁官等译.实验设计与分析.第 3 版.北京：中国统计出版社,1998

4 胡良平.现代统计学与 SAS 应用.北京：军事医学科学出版社,2000

5 方开泰.均匀设计与均匀设计表.北京：科学出版社,1994

6 方开泰,马长兴.正交与均匀试验设计.北京:科学出版社,2001

7 何晓群,刘文卿.应用回归分析.北京：中国人民大学出版社,2000

8 刘文卿.六西格玛过程改进技术.北京：中国人民大学出版社,2004

9 周纪芗,茆诗松.质量管理统计方法.北京：中国统计出版社,1999

10 郎志正.质量管理技术与方法.北京：中国标准出版社,1998

11 栾金海等.优选法在电极糊配方中的应用.内蒙古石油化工,30

12 任玉玲.优选法在管道试压中的应用,安装.2001,8

13 李青云等.用均匀设计优选三峡围堰柔性材料配合比.长江科学院院报,1996,13(3)

14 贾崇林等.合金元素含量对 Ni-20Cr-10Mo-10Co 合金高温持久寿命的影响.机械工程材料,2003,27(5)

15 俭济斌.安排多因素试验的正交表简单介绍.计算机应用与应用数学,1974,9

16 甄少立.应用均匀设计法考察冰片微粉化工艺.均匀设计应用论文选,第一集

17 陆游等.维生素 C 注射液抗变色配方的优选.均匀设计应用论文选,第一集

18 廖森等.配方均匀设计在缓蚀剂配方中的应用.广西化工,1995,24(1)

19 李海燕等.配方均匀设计在耐火材料生产工艺中的应用.沈阳建筑工程学院学报,1999,15(1)

20 徐秀兰等.均匀设计试验法在内燃机试验中的应用.农业工程学报,1998,4

21 曾凤章等.钟表定时机构参数的稳健性设计.新技术新工艺,1996,4

22 Ryan T P. Statistical Methods for Qualiy Improvement. John Wiley & Sons. 1989

23 Meeker W Q, Escobar L A. Statistical Methods for Reliability Qata. John Wiley & Sons. 1998

24 Hicks C R. Fundamental Concepts in the Design of Experiments. Third Edition. CBC College Publishing,1982